大学 计算机基础实验教程

主 编：刘美芳 弭 妍 王 威
副主编：殷 晨 乔立龙 王雪婷

中国石油大学出版社

山东·青岛

图书在版编目（CIP）数据

大学计算机基础实验教程/刘美芳,弭妍,王威主编. -- 青岛:中国石油大学出版社,2022.7

ISBN 978-7-5636-7507-4

Ⅰ. ①①大… Ⅱ. ①刘… ②弭… ③王… Ⅲ. ①电子计算机－高等学校－教材 Ⅳ. ① TP3

中国版本图书馆 CIP 数据核字（2022）第 121008 号

书　　名：大学计算机基础实验教程
DAXUE JISUANJI JICHU SHIYAN JIAOCHENG

主　　编：刘美芳　弭　妍　王　威

责任编辑：杨海连（电话　0532－86981535）

封面设计：蓝海设计工作室

出 版 者：中国石油大学出版社
　　　　　（地址：山东省青岛市黄岛区长江西路 66 号　邮编：266580）

网　　址：http://cbs.upc.edu.cn

电子邮箱：305383791@qq.com

排 版 者：胡俊祥

印 刷 者：济南圣德宝印业有限公司

发 行 者：中国石油大学出版社（电话　0532－86983437）

开　　本：787 mm × 1 092 mm　1/16

印　　张：12.25

字　　数：332 千字

版 印 次：2022 年 7 月第 1 版　2022 年 7 月第 1 次印刷

书　　号：ISBN 978-7-5636-7507-4

定　　价：35.00 元

前 言
PREFACE

随着信息技术、网络技术的发展,计算机的应用已经渗透各行各业,融入我们生活、学习、工作的方方面面。熟练使用计算机,能够成倍提高我们的工作效率。在信息技术飞速发展的大背景下,提高学生的计算机应用能力,以及学生利用计算机网络资源优化自身知识结构及技能水平的自觉性,已成为高素质技能型人才培养过程中的重要命题。

我国大力发展高等职业教育,逐步形成了专科职业教育、本科职业教育的培养体系,将来还要设置研究生职业教育学历和相应的硕士、博士学位。编者所在的学校就是2018年第一批升格为高职本科的15所试点院校之一,因此,本书编写主要定位于适应高职本科层次的学生学习。高职本科培养学生,更加注重技能型、应用型人才培养,以及行业性人才培养。为了适应当前高等职业教育教学改革的形势,满足高等职业院校"计算机基础"课程教学的要求,我们编写了本书。

本书充分考虑课程的综合性和实用性,侧重实用案例的应用和技能的训练,以期达到任务驱动和案例教学的目的。目前,有关计算机基础的教材很多,但大多数教材还是使用的Window 7+Office 2010,而在实际工作中,用Window 10+Office 2016的越来越多。本书编者长期在教学一线从事"计算机基础"课程的教学和教育研究工作。在编写过程中,我们参考了教育部制定的《大学计算机基础课程教学基本要求》和《高职高专教育计算机公共基础课程教学基本要求》等文件,并将长期优化过的教学资源、经典案例以及积累的经验和体会融入其中,采用情景化案例教学的理念设计课程标准并组织全书内容。同时,本书也收入了全国计算机等级考试(二级Office)的相关考试知识点和案例内容,使学生可以做到掌握技能与获取证书的有机统一。

本书是《计算机基础教程》的配套实验教材,章节编排与《计算机基础教程》基本一致。通过本书,学生可以很好地巩固课堂所学内容,提高解决问题及综合应用的能力,在学习相关理论知识的同时,更加重视实践环节的练习和总结。

本书包括信息技术基础(弭妍编写)、Windows 10操作系统(殷晨编写)、文字处理软件Word 2016(刘美芳编写)、电子表格系统Excel 2016(王威编写)、演示文稿软件PowerPoint 2016(王雪婷编写)、计算机网络与Internet基础(乔立龙编写)和多媒体技术与应用(孙丽霞编写)七章,由刘美芳统稿。每章中的案例都经过精心挑选,具有很强的针对性、实用性。掌握了这些案例,学生即可将其应用到日常的学习、生活中,解决实际问题。

本书采用新颖的情景案例教学方式,知行合一,尤其注重强化学生的实践操作技能。在编写过程中,我们力求语言精练、内容实用、操作步骤详略得当,采用了大量的图片,并对相关实践配以操作视频进行讲解,以方便学生自学。

在本书的编写过程中,济南博赛网络技术有限公司、北京学佳澳软件科技发展有限公司和华清远见集团济南分公司等企业提供了大力支持,为本书的前期调研、项目设计和相关内容的编写等提供了巨大帮助,还承担了部分教学内容视频的录制工作,在此表示衷心的感谢。另外,我们参阅了大量的资料,在此对这些参考资料的作者一并表示衷心感谢。

尽管我们力求精益求精,但由于水平有限,书中难免存在不足之处,敬请读者批评指正。

编　者

2022 年 4 月

扫描二维码了解本书配套资源

本书建有配套教学资源网站

https://www.itjichu.com/jsjjcjc/pc

目　录
CONTENTS

第1章

信息技术基础

为了让学生能够养成正确使用键盘的指法以及了解软件的安装流程和卸载方法，本章的实验主要讲述了键盘和鼠标的使用、安装和卸载软件、指法与中文输入法三个内容，以提高学生与计算机交互的能力与速度。

任务一　键盘和鼠标的使用

任务描述

小王是某公司后勤部的员工，负责公司办公设备的采购。最近，公司要采购一批新的键盘和鼠标。小王首先要了解标准键盘的布局和各按键的作用，然后对供应商的产品进行试用，最后根据试用结果判断采用哪家供应商的产品。

任务目的

（1）了解计算机标准键盘的布局。

（2）了解键盘各个按键的作用及用法。

（3）通过移动、单击、双击、拖动等鼠标操作，掌握鼠标的基本操作。

技能储备

1. 认识键盘

键盘是一种常用的重要输入设备。根据按键的多少有 83 键、101 键、102 键、104 键键盘。通常把普遍使用的 101 键盘称为标准键盘。现在常用的键盘在标准键盘的基础上增加了 3 个用于 Windows 的操作键，如图 1-1 所示。

（1）键盘的布局。

标准计算机键盘可以分为四个区域：功能键区、主键盘区、控制键区和数字键区，另外还有状态指示区包含 3 个指示灯。

（2）主键盘区。

主键盘区是最常用的键盘区域，也被称为文字键区。由 26 个英文字母按键、10 个数字按键、符号键等按键组成，具体包括：

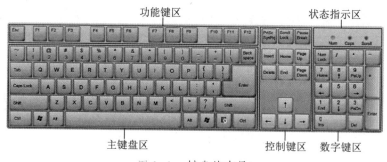

图 1-1　键盘的布局

① 字母键：包含 A ～ Z 共 26 个英文字母。

② 数字键：包含 0 ～ 9 共 10 个数字。主键盘区上的数字键都可以通过按住 Shift 键的方式键入数字键的第二字符（即键盘中数字上方所写的字符），如"！""@"等。

③ 符号键：包括一些常用的符号，如">""?""}""+"等。

④ 回车键（Enter）：该键在文字键区的右边，在文本编辑过程中，按回车键可以让光标进入下一行。不同的键盘上，回车键的形状也不一样。

⑤ 制表键（Tab）：按下该键，光标向右移动一个制表位的距离（通常是 8 个字符）。

⑥ 大小写切换键（CapsLock）：按下此键，键盘右上方指示灯亮，表示当前为大写字母输入状态；否则为小写字母输入状态。

⑦ 空格键：键盘下方最长的按键，也是键盘上所有按键中最长的键，按一次表示输入一个空格。

⑧ 上档键（Shift）：在有些按键的上下两部分标了两个不同的字符，例如，数字 1 上面是"！"，数字 2 上面是"@"，数字 3 上面是"#"等等，这些按键称为双字符键。对双字符按键，直接按这些按键表示选择下档功能。而在按住 Shift 键的同时，再按双字符键，表示选择双字符按键的上档功能。例如，按住 Shift 的同时，再按"2"键，则输入"@"。另外，按 Shift 键的同时按字母键，还可以切换输入字母的大小写。

⑨ 退格键（← 或 Backspace）：该键在文字键区的右上角，在处理文字时，按一次，光标左移，可删除当前光标位置左边的一个字符。

⑩ 控制键（Ctrl）：单独使用不起作用，需与其他按键组合使用。

⑪ 转换键（Alt）：单独使用不起作用，需与其他按键组合使用。

⑫ Windows 键：一个标有 Windows 标志的按键，按下该键将弹出"开始"菜单。

⑬ 快捷键：相当于鼠标右击，按下该键将弹出快捷菜单。

（3）功能键区。

该区域位于键盘的最上方，由 Esc 和 F1 ～ F12 共 13 个按键组成。Esc 键一般用来退出某个界面，F1 ～ F12 这 12 个键的作用是配合软件完成特定的功能，可以和 Alt、Ctrl 键一起使用。不同的应用软件对其有不同的定义。

（4）数字键区。

数字键区又称小键盘区，该区的数字按键和主键盘区的按键作用相同，但排列比较整齐，主要用于集中输入数字。该区域包含了加、减、乘、除等数学运算按键，也包含了回车键。这都是为数字的快速输入和计算而服务的，对于财会人员、银行人员来说是非常方便的。

可以看到，数字键区的有些按键上也标注有多个符号。例如，数字 8 上有向上的箭头，数字 2 上有向下的箭头。当我们按下 NumLock 键时,可以切换数字按键和这些第二功能。按下 NumLock 键后,状态指示区的 Num 灯亮起,再按一下 NumLock 键,Num 灯熄灭。Num 灯亮起表示使用数字功能,Num 灯熄灭表示使用第二功能。

（5）控制键区。

该区域也叫做编辑区,是为方便文本编辑操作而服务的。其中的上、下、左、右键是用来控制光标的。

① ↑键:将光标上移一行。

② ↓键:将光标下移一行。

③ ←键:将光标左移一位。

④ →键:将光标右移一位。

⑤ Insert 键:设定或取消字符的插入状态,是一个反复键。插入状态下,输入数据会在光标所在位置插入。按一下 Insert 则进入改写模式,在该模式下,输入数据会覆盖后面的文字。

⑥ Delete 键:删除光标所在位置右面的一个字符。主键盘区中的 Backspace 和这个键很相似,但 Backspace 向前删除,而 Delete 向后删除。在 Windows 的资源管理器中,Delete 键也可用来删除文件或文件夹。

⑦ Home 键:将光标移到行首。

⑧ End 键:将光标移到行尾。

⑨ PageUp（PgUp）键:屏幕显示向前翻页（即显示屏幕上一页的信息）。

⑩ PageDown（PgDn）键:屏幕显示向后翻页（即显示屏幕下一页的信息）。

⑪ PrintScreen（PrtSc）键:屏幕拷贝键,可将桌面图像放入剪贴板中,例如,可以打开画图等工具,将复制的屏幕内容粘贴到其中。Alt + Print Screen 可以只拷贝当前窗口的图像。

⑫ ScrollLock 键:屏幕滚动锁定键。

⑬ Pause/Break 键:暂停 / 中断键,可中止某一正在运行的程序或暂停屏幕显示。

2. 认识鼠标

（1）鼠标的组成。

常见的鼠标如图 1-2 所示,包含左键、右键、中间键和滚轮,大多数鼠标将中间键和滚轮结合了起来。

（2）鼠标的正确握持姿势。

手握鼠标,不要太紧,就像把手放在自己的膝盖上一样,使鼠标的后半部分恰好在手掌下,食指和中指分别轻放在左右按键上,拇指和无名指轻夹两侧,如图 1-3 所示。

图 1-2　鼠标　　　　图 1-3　鼠标握持姿势

（3）鼠标的使用。

使用鼠标有单击和双击的区别。单击又分为左击和右击,左击是选中一个对象,而右击一

般是弹出一个快捷菜单,双击则是打开一个对象。操作步骤如下:

① 移动鼠标。

将鼠标指针移动到桌面上的"此电脑"图标上。

② 单击鼠标左键。

在"此电脑"图标上单击鼠标左键,即用食指按一下鼠标左键,选中"此电脑"图标。

③ 单击鼠标右键。

在"此电脑"图标上单击鼠标右键,即用中指按一下鼠标右键,弹出"此电脑"相关快捷菜单。右键菜单中的加粗菜单选项为默认执行方式,如图 1-4 所示。

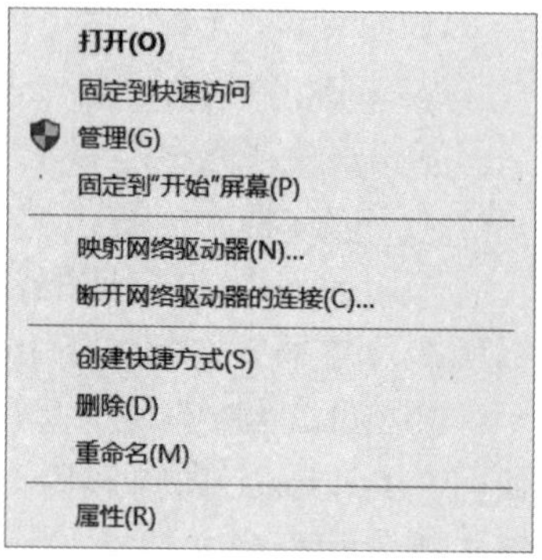

④ 双击鼠标左键。

在"此电脑"图标上双击鼠标左键,即用食指连续按两下鼠标左键,打开"此电脑"窗口界面。双击鼠标左键与选择右键菜单中加粗菜单选项的作用相同,即使用默认方式执行被选中的对象。

⑤ 拖动对象。

图 1-4　右键菜单

将鼠标指针移动到"此电脑"的图标上,按住鼠标左键不放,将"此电脑"图标移动到所需的位置后,松开鼠标左键,即完成了拖动"此电脑"图标的操作。

任务实施

小王经过学习键盘的布局,对键盘和鼠标的使用已经有所了解。接下来,他按照以下要求,将供应商提供的样品进行了对比和测试,筛选出了符合公司采购要求的产品。

(1)采用 USB 有线键盘和鼠标。

(2)键盘为经典全键盘 101 ~ 108 键五区位设计,包含常规主键盘区、控制键区、小键盘区(数字键盘区)等。

(3)整体键位布局紧凑合理,输入操作得心应手。

(4)F1 ~ F12 功能键区具有支持音量大小调节等快捷功能。

(5)指示灯区提示各个功能键的工作状态。

(6)鼠标左键、右键回弹力度适中,反应灵敏,能轻松完成左击、右击、双击等操作。

(7)鼠标滚轮转动顺滑,可以轻松浏览长页面。

任务二　安装与卸载软件

任务描述

某公司旗下的教育集团准备采购一批电脑。根据需要,电脑上需要安装金山打字软件。小王作为后勤部的工作人员,负责为电脑安装软件。除此之外,还需要将某些不需要安装该软件或者安装软件错误的电脑进行软件卸载。

任务目的

（1）学习安装软件的一般方法及流程。
（2）学习软件安装过程中的相关注意事项。
（3）学习卸载软件的一般方法及流程。

技能储备

1.软件安装文件

软件的安装文件通常有以下几个来源：
（1）正版安装光盘。
（2）官方网站下载软件安装包。
（3）第三方软件网站下载软件安装包等。
安装包中常用安装软件的程序名称一般为 Setup. exe 或 Install. exe。

2.安装软件（以光盘安装 Office 软件为例）

（1）安装软件。将软件安装光盘放入光驱，安装程序会自动运行。如果软件的安装文件储存在硬盘中，可找到并双击 Setup. exe 文件（有的软件显示为 autorun 文件），如图 1-5 所示，运行安装程序。

（2）在提示阅读用户许可协议界面中选中"我接受此协议的条款"复选框，然后单击"继续"按钮，如图 1-6 所示。

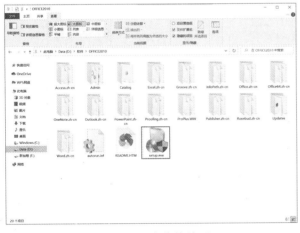

图 1-5　安装软件图

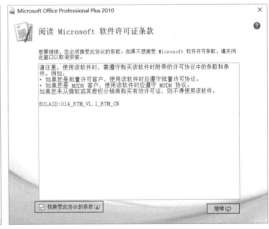

图 1-6　阅读 Microsoft 软件许可证条款

（3）在打开的选择安装选项界面中单击"立即安装"按钮（注意：个别软件会显示多个选项，一般选典型或完整安装即可，或者直接保持默认设置；单击"自定义"按钮，可以选择软件安装路径和所包含的组件等），如图 1-7 所示，此时开始安装并显示安装进度，安装完毕后，单击"关闭"按钮即可。

图 1-7　选择所需的安装

3. 卸载软件

（1）首先打开"控制面板"窗口，然后单击"程序"，如图 1-8 所示。

（2）在弹出的"程序"界面中单击"程序和功能"下面的"卸载程序"选项，如图 1-9 所示。

图 1-8　"控制面板"窗口

图 1-9　"程序"界面

（3）在弹出的"程序和功能"界面中，单击选择程序列表中要卸载的应用程序，然后单击列表上方的"卸载"按钮，如图 1-10 所示。

（4）在弹出的"安装"提示对话框中单击"是"按钮，如图 1-11 所示，根据提示卸载该程序。

提示：软件的卸载还可以通过单击桌面左下角的"开始"菜单找到该程序的卸载程序，如图 1-12 所示，然后按照提示单击"卸载"按钮，即可弹出"卸载向导"，根据向导提示完成卸载操作。

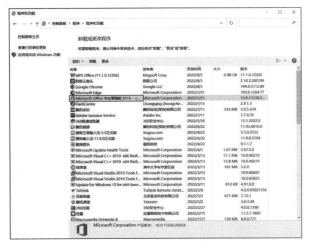

图 1-10　卸载程序

图 1-11　提示对话框　　　　　图 1-12　"开始"菜单

任务实施

　　小王经过以上内容的学习,了解了软件的安装和卸载方法,下面开始对需要操作的电脑进行软件的安装和卸载。

　　1. 下载金山打字通安装包

　　操作步骤:

　　(1)打开浏览器。

　　(2)在浏览器的地址栏输入金山打字通官方网站的网址 http://www.51dzt.com/,或者搜索"金山打字通",在搜索的结果中找到金山打字通官方网站的链接并点击进入,如图 1-13所示。

（3）单击"免费下载"按钮，或者进入"个人版"选项卡后单击"免费下载"按钮，设置保存该下载文件的本地路径及名称后，即可下载最新版金山打字通安装包到本地。

图 1-13　金山打字通官方网站

2. 安装金山打字通

操作步骤：

（1）打开金山打字通安装包的存储路径，双击"　　"图标的"exe"文件，运行金山打字通安装包。

（2）一般来说，软件安装包的第一个界面会告知用户即将安装的是什么软件，本例中为"金山打字通 2016"软件，如图 1-14 所示。

（3）单击"下一步"按钮，进入"许可协议和隐私政策"界面，如图 1-15 所示。一般软件的安装过程中都会有"许可协议和隐私政策"界面，主要是让用户了解自己有哪些权利和义务，如何维权以及软件厂商的免责条款等信息。大部分软件会有明确的选项，让用户选择是否同意或接受相关协议和条款。通常情况下，如果用户不选择"同意"或"接受"相关协议和条款，是无法完成软件安装的。

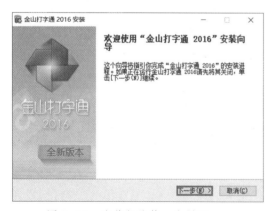

图 1-14　安装包的第一个界面

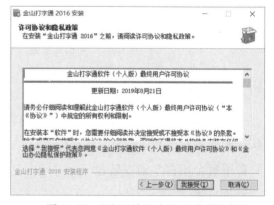

图 1-15　"许可协议和隐私政策"界面

（4）单击"我接受"按钮，进入下一个界面，如图 1-16 所示。安装软件的过程中，经常会遇到捆绑其他软件的情况，一不注意就会被安装上一些非主观意愿安装的软件，因此在安装软件的过程中要格外注意是否有捆绑软件。本界面中"推荐安装"的"WPS Office 2019 校园版"

就是捆绑软件,我们可以先取消勾选,再单击"下一步"按钮。

(5)本界面是让用户选择软件的安装路径,如图1-17所示。绝大部分软件在安装的过程中可以自定义安装路径,方便用户根据自己的存储空间进行合理安排。本例中,要安装到非默认路径,可以通过单击"浏览"按钮选择其他文件夹进行安装。

图 1-16　捆绑软件"WPS Office 2019 校园版"　　　　图 1-17　选择安装路径

(6)单击"下一步"按钮,进入"选择'开始菜单'文件夹"界面,如图1-18所示。该步骤可以修改该软件在"开始菜单"创建的文件夹名称,一般使用默认名称。

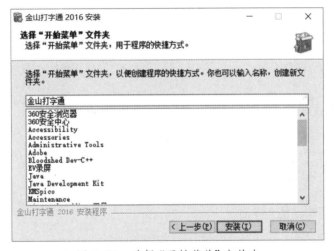

图 1-18　选择"开始菜单"文件夹

(7)单击"安装"按钮,会根据前几步设置的安装路径及"开始菜单"文件夹名称进行安装,并显示安装进度,如图1-19所示。安装过程实际上就是将软件所需要的文件复制到指定的安装路径,并在系统注册表中进行软件注册。此过程中,用户可以单击"显示细节"按钮查看安装详情,如图1-20所示。

(8)安装完成后,单击"下一步"按钮。这时可能会再次出现一些捆绑软件的选项,在此过程中一定要注意捆绑软件是否需要安装,如果无须安装,则需要取消勾选捆绑软件,如图1-21所示。大部分软件没有捆绑软件,当单击"下一步"按钮后,会出现"完成"界面,引导用户关闭安装向导,此时仍然可能会出现捆绑软件,大家根据需要进行选择,最后单击"完成"按钮,结束整个安装流程,如图1-22所示。

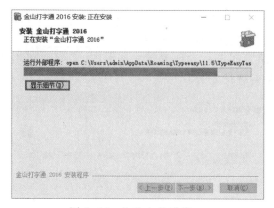

图 1-19 软件安装进度

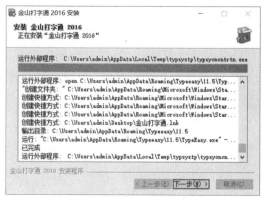

图 1-20 显示安装详情

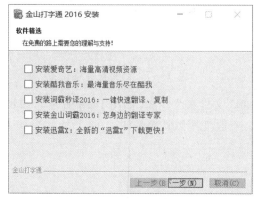

图 1-21 捆绑软件

图 1-22 完成安装界面

3.卸载金山打字通

操作步骤：

（1）打开"Windows 设置"界面。单击"开始"按钮，在弹出的"开始"菜单中选择齿轮形状的"设置"按钮，即可打开"Windows 设置"界面，如图 1-23 所示。

（2）进入"应用和功能"界面。在"Windows 设置"界面中单击"应用"选项，如图 1-24 所示，即可进入"应用和功能"界面。

图 1-23 "开始"菜单中的"设置"按钮

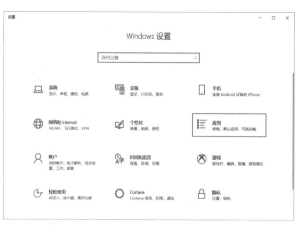

图 1-24 "Windows 设置"界面

（3）在"应用和功能"界面中找到"金山打字通"，鼠标左键选中后会显示出"卸载"按钮，单击"卸载"按钮进行软件卸载，如图 1-25 所示。

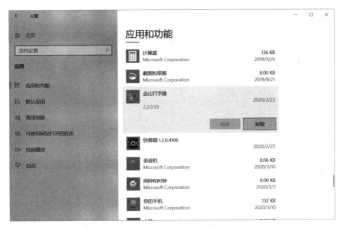

图 1-25　"应用和功能"界面

（4）单击"卸载"按钮后，会弹出确认窗口，以防止用户误卸载本不应卸载的软件。如果确实要卸载，则需要在确认窗口中再次单击"卸载"按钮，进入卸载流程，如图 1-26 所示。

图 1-26　卸载操作的确认

（5）在弹出的"金山打字通 2016 卸载"界面中，根据需要选择是否勾选"同时删除所有本机的用户信息"选项，默认是未勾选状态。若勾选该选项，则会将本地计算机保存的用户信息数据一同删除。如果之前用户登录金山打字通的时候没有关联 QQ 号码，卸载的时候又删除了用户信息，则下次安装该软件时，用户之前的练习记录将无法恢复。选择好之后，即可单击"卸载"按钮进行软件卸载操作，如图 1-27 所示。

（6）单击"卸载"按钮之后，计算机开始卸载操作，界面显示卸载进度，同时可以通过单击"显示细节"按钮查看卸载详情，如图 1-28 所示。

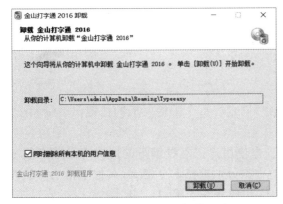

图 1-27　"金山打字通 2016 卸载"界面

图 1-28　软件卸载进度

（7）卸载完成后,会出现卸载完成提示,并引导用户关闭此卸载程序,单击"完成"按钮,关闭此窗口,如图1-29所示。

图1-29　卸载完成界面

任务三　**指法与中文输入法**

任务描述

　　小王接到任务,需要撰写公司关于网络使用的相关管理制度。由于小王打字不是很熟练,因此小王需要了解正确的打字姿势、练习指法等,以便快速地完成文档编辑工作,同时也为以后的工作打好技能基础。

任务目的

　　（1）使用正确的坐姿操作计算机并掌握手指在键盘上的分工,使用正确的按键姿势操作键盘。

　　（2）通过使用金山打字通软件练习指法,完成"新手入门""英文打字""拼音打字"中的各个关卡。

　　（3）学会切换中文输入法的方法。

技能储备

1. 指法介绍

　　打字时,为了能够形成条件反射式的击键,必须固定好每个手指对应的按键。手指和按键的关系如图1-30所示。

　　触摸键盘,可以发现F、J键上方有两个凸起,方便用户在不看键盘的情况下迅速定位左、右手食指的放置位置。找到F、J键,将左、右手的食指分别放在F、J键上,其他手指依次放置,其中左手四指放置在A、S、D、F键上,右手四指依次放置在J、K、L、;键上,大拇指放置在空格键上,如图1-31所示。

图 1-30　手指分工

图 1-31　手指的放置

放置的时候,左右手除大拇指外的四指要弯曲,形似弯钩。这种姿势下击键最省力;如果将手指平放于键盘上,则经常出现击键无力的情况。

这个姿势是击键的预备式,在刚开始学习指法时,为了能尽快使自己的身体记住每个键的位置,要求每打完一个键就回到这种预备式上。当练习纯熟以后,就可以连续击键,不再受这个要求的限制了。

左手的小指管理 1、Q、A、Z 键和左侧的所有按键,无名指管理 2、W、S、X 键,中指管理 3、E、D、C 键,食指因为比较灵活有力,所以管理两行 4、R、F、V 键和 5、T、G、B 键。右手食指同样管理两行,即 6、Y、H、N 键和 7、U、J、M 键,中指管理 8、I、K、<键,无名指管理 9、O、L、>键,右手小指管理 0、P、;、/ 键和右侧的所有按键。

在使用控制键区时,可以将手放到按键位置,在主键盘区一般不需要移动手腕。指法需要专门的练习,很多同学在接触正确的指法练习之前就已经接触了电脑,从而养成了错误的习惯,这种习惯必须改掉,不然自身的击键速度将很难得到提升。

练习要领总结如下:

(1)掌握正确的坐姿。要求头正、颈直、身体中正挺直,两脚平踏地面,也可以踏在脚踏上;身体正对屏幕,将屏幕放置在与眼睛相同高度的位置,使视线与屏幕保持水平;根据屏幕大小的不同,眼睛与屏幕的距离在 40 ~ 75 cm 为宜;手肘与键盘平行,双手自然放在键盘上,十指弯曲,如图 1-32 所示。

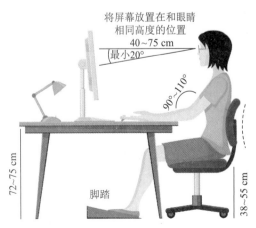

图 1-32　正确的坐姿

（2）练习时，手指放在指定的按键上，每按一键就回到预备姿势。

（3）眼睛向前平视，尽量不看键盘。只有坚持不看键盘，才可能练会盲打。

（4）手腕放在键盘下方的桌面上，切忌将手腕悬空，因为手腕悬空一段时间后会产生疲劳感。

（5）按键时，尽量手指运动，手腕不要动。

（6）按键要均匀，有节奏感，不要用力过猛。

（7）空格键由两手大拇指管理。一般左手按键后，需要按空格时，由右手按；右手按键结束后，需要按空格时，由左手按。当然，这并无严格规定。

2. 使用金山打字通练习指法

（1）启动金山打字通：双击桌面上的"金山打字通"图标，启动软件，其主界面如图1-33所示。

图1-33　金山打字通主界面

（2）单击"新手入门"，会看到登录界面，如图1-34所示。输入一个昵称并单击"下一步"，当问及是否绑定QQ账号时，可直接单击右上角的"关闭"按钮，重新单击"新手入门"进入。在弹出的对话框中选择"自由模式"，如图1-35所示，单击"确定"按钮。

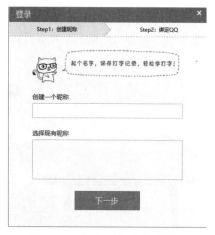

图1-34　金山打字通登录界面

图1-35　选择练习模式

（3）新手入门中包含了键盘的基本知识和基本键位练习，如果你还不能盲打，一定要进行键位练习，如图1-36所示。严格按照键位练习的要求通过此关卡，特别要注意的是：不能看键盘,手指要分工。可以反复进入此关卡进行巩固练习,直到能以极快的速度完成这个测试。

（4）进入英文打字后,进行单词、语句和文章练习。当能熟练进行英文打字后,就可以进行中文打字训练了,如图 1-37 所示。

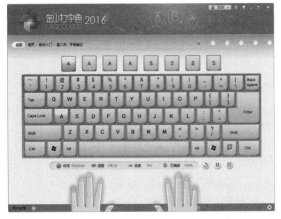

图 1-36　金山打字通键位练习

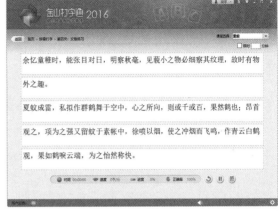

图 1-37　中文打字练习

3. 使用中文输入法

（1）切换中文输入法。

通过 Ctrl+Space 快捷键或 Ctrl + Shift 快捷键切换到所需要的中文输入法（如搜狗拼音输入法）。在切换到搜狗拼音输入法后,可以通过 Shift 键快速切换中 / 英文状态,使用 Shift + Backspace 快捷键切换半角和全角状态。

（2）输入拼音。

连续输入拼音,拼音下面是候选窗口,根据实际情况,可以用空格（默认为 1 选项的内容）或者数字来选择,也可以通过"-/=""[/]"",/."“PgUp/PgDn"对候选字进行前 / 后翻页操作。对于一些常用词,可以只用它们的声母来输入。例如,输入"nh",会默认对应中文"你好"。

（3）修改输入的结果。

搜狗拼音输入法的大多数默认字词选项都是正确的,对于那些显示不正确的字词,可以在输入过程中进行更正,也可以在输入整句话后进行修改。

（4）选择合理的输入方式。

如果想提高输入文字的速度,除了要掌握正确的指法外,合理的输入方式也是提高速度的重要手段。

例如,我们要输入"今天是个好天气"这句话,可以先一次性把所有字的拼音都输入,再进行字词的选择,但在输入的过程中,拼写出错的概率也会相对增加。合理地将一句话断成多个词语进行输入,会大大提高成功率,即使出现拼写错误,也比一次性输入一句话时容易进行修改。因此,我们可以断句为"今天""是个""好日子",分别进行输入。

另外,当遇到生活中不常用的字词时,或者说该字词不会出现在第一页的备选字词中时,我们也可以使用组词的方式进行输入。比如,要输入"铠"字,如果直接拼写"kai",那么第一页可能不会出现该字,甚至需要向后翻好多页才可能出现该字。这时候我们可以通过组词的方式,先输入"kaijia",得到"铠甲",再将"甲"字删除。这样的输入方式远远比翻页查找快得多。

总之,向计算机中输入文字是人机交互最基本的操作,也是最常用的操作。能够熟练、快速地输入所需文字,对今后的学习和工作都会有非常大的帮助。

任 务 实 施

经过以上内容的学习,现在需要使用正确的指法和输入法完成"公司网络使用管理制度"的编写。

操作步骤:

(1)新建 word 文档并命名为"公司网络使用管理制度"。

(2)打开该文档,切换输入法为中文输入法。

(3)使用正确的指法,键入图 1-38 所示的内容并保存。

公司网络使用管理制度

（一）宗旨

第一条 公司网络资源只能用于工作。个人由于一般业务学习、新闻、娱乐等而需用网络的必须在自己家中进行。为规范公司网络的管理,确保网络资源高效安全地用于工作,特制订本制度。

（二）范围

第二条 本规定涉及的网络范围包括公司各办公地点的局域网、办公地点之间的广域连接、公司各片区和办事处广域网、移动网络接入、Intemet 卧口以及网络上提供的各类服务如 Intemet 电子邮件、代理服务、N. tes 办公平台等。

（三）主管部门

第三条 管理工程部作为公司网络的规划、设计、建设和管理部,有权对公司网络运行情况进行监管和控制。知识产权室有权对公司网络上的信息进行检查和备案,任何引入与发出的邮件,都有可能被备份审查。

（四）管理规定

第四条 任何人均不得在网络上从事与工作无关的事项,违反者将受到处罚。同时也不允许任何与工作无关的信息出现在网络上,否则要追查责任。

第五条 公司网络结构由管理工程部统一规划建设并负责管理维护,任何部门和个人不得私自更改网络结构,办公室如需安装集线器等必须事先与网络管理员取得联系。个人电脑及实验环境设备等所用 p 地址必须按所在耀点网络管理员指定的方式设置,不可擅自改动,擅自改动者将受到处分。

第六条 严禁任何人以任何手段,蓄意破坏公司网络的正常运行,或取公司网上的保护信息。

第七条 公司网上服务如 DNS、DHCP、WINS 等由管理工程部统一规则任何部门和个人不得在网上擅自设置该类服务。

第八条 为确保广域网的正常运行,禁止通过各种方式,包括利用邮件 FTP、Win2000 共享等在广域网中传送超大文件。

第九条 严禁任何部门和个人在网上私自设立 BBS,NEWS,个人主页 WWW 站点,FI?站点及各种文件服务器,严禁在公司网络上玩任何形式的网络游戏、浏览图片、欣赏音乐等各种与工作无关的内容。违反者将受到处分:

第十条 任何部门和个人应高度重视保护公司的技术秘密和商业秘密对于需要上网的各类保密信息必须保证有严密的授权控制。

第十一条 公司禁止任何个人私自订阅电子杂志,因工作需要的电子杂志,经审批后由图书馆集中订阅和管理。

图 1-38 选择练习模式

综合练习

一、单选题

1. 1946 年,世界上第一台电子计算机(ENIAC)在美国宾夕法尼亚大学研制成功,其采用的主要逻辑元件是(   )。

  A. 晶体管　　　　　　　　　　　　B. 中、小规模集成化电路

  C. 电子管　　　　　　　　　　　　D. 大规模或超大规模集成化电路

2. 计算机从诞生至今已经历了 4 个时代,这种对计算机划分时代的根据是(　　　)。

  A. 计算机采用的电子器件　　　　　B. 计算机的运算速度

  C. 程序设计语言　　　　　　　　　D. 计算机的存储量

3. 目前普遍使用的微型计算机采用的逻辑元件是(　　　)。

  A. 电子管　　　　　　　　　　　　B. 大规模和超大规模集成电路

  C. 晶体管　　　　　　　　　　　　D. 小规模集成电路

4. 在计算机内部,数据是以(　　　)形式加工、处理和传送的。

  A. 二进制码　　　　B. 八进制码　　　　C. 十六进制码　　　　D. 十进制码

5. 计算机内部采用二进制的原因不包括(　　　)。

  A. 在技术上容易实现

  B. 在二进制中只使用 0 和 1 两个数字,传输和处理时不容易出错,可以保障计算机具有较
高的可靠性

  C. 与十进制数相比,二进制数的运算规则要简单得多,而且有利于人的理解和使用

  D. 二进制数 0 和 1 正好与逻辑量"真"和"假"相对应,因此,用二进制表示二值逻辑十分
自然

6. 计算机系统由(　　　)组成。

  A. 软件系统和硬件系统两大部分

  B. 运算器、控制器、存储器、输入设备和输出设备

  C. 主机和外部设备(键盘、显示器、鼠标等)

  D. 中央处理器(CPU)、CPU 风扇、主板、内存、硬盘、显示器、显卡、声卡、音箱、光驱、机
箱、软驱、键盘、鼠标、Modem、网卡

7. CPU 主要由(　　　)组成。

  A. 控制器和内存　　B. 运算器和内存　　C. 控制器和寄存器　　D. 运算器和控制器

8. 运算器的主要功能是(　　　)。

  A. 算术运算和逻辑运算　　　　　　B. 加法运算和减法运算

  C. 乘法运算和除法运算　　　　　　D. "与"运算和"或"运算

9. 指挥、协调计算机工作的设备是(　　　)。

  A. 输入设备　　　　B. 输出设备　　　　C. 存储器　　　　　D. 控制器

10. 不通过外设接口与 CPU 直接连接的部件是(　　　)。

  A. 内存　　　　　　B. 键盘　　　　　　C. 磁盘驱动器　　　　D. 显示器

11. 在微型计算机中,ROM 的中文名字是(　　　)。

  A. 随机存储器　　　B. 只读存储器　　　C. 高速缓冲存储器　　D. 可编程只读存储器

12. 下列描述不正确的是(　　　)。

  A. 内存(RAM)与外存的区别在于内存是临时性的,而外存是永久性的

  B. 内存与外存的区别在于外存是临时性的,而内存是永久性的

  C. 大家平时说的内存是指 RAM

  D. 从输入设备输入的数据直接存放在内存中

13. 在计算机的性能指标中,用户可用的内存容量通常指(　　　)。

A. RAM 的容量   B. ROM 的容量

C. RAM 和 ROM 的容量之和   D. CD-ROM 的容量

14. 配置高速缓冲存储器(Cache)是为了解决(　　　)。

  A. 内存与辅助存储器之间的速度不匹配问题

  B. CPU 与辅助存储器之间的速度不匹配问题

  C. CPU 与内存储器之间的速度不匹配问题

  D. 主机与外设之间的速度不匹配问题

15. 下列关于计算机的说法正确的是(　　　)。

  A. 计算机内存容量的基本计量单位是字符

  B. 1 GB=1 024 KB

  C. 二进制数中右起第 10 位上的 1 相当于 2^{10}

  D. 1 TB=1 024 GB

16. 在计算机系统常用的存储器中,读/写速度最快的是(　　　)。

  A. 硬盘   B. U 盘   C. 光盘   D. 内存

17. 下列有关存储器读/写速度的排序,正确的是(　　　)。

  A. RAM>Cache>硬盘>U 盘   B. Cache>硬盘>RAM>U 盘

  C. RAM>硬盘>U 盘>Cache   D. Cache>RAM>硬盘>U 盘

18. 计算机系统与外部交换信息主要通过(　　　)。

  A. 输入/输出设备   B. 键盘   C. 光盘   D. 内存

19. 把硬盘上的数据传送到计算机的内存中去,此过程称为(　　　)。

  A. 打印   B. 写盘   C. 输出   D. 读盘

20. 既能向主机输入数据,又能接受主机输出数据的设备是(　　　)。

  A. CD-ROM   B. 显示器   C. 硬盘   D. 光笔

21. 打印机是一种(　　　)。

  A. 输入设备   B. 输出设备   C. 存储器   D. 运算器

22. 下列计算机外部设备中,属于输出设备的是(　　　)。

  A. 投影仪   B. 扫描仪   C. 数字化仪   D. 摄像头

23. 下列设备中,只能作为输入设备的是(　　　)。

  A. 磁盘驱动器   B. 鼠标器   C. 存储器   D. 显示器

24. 磁盘驱动器属于(　　　)设备。

  A. 输入   B. 输出   C. 输入和输出   D. 以上均不是

25. 下列术语中,属于显示器性能指标的是(　　　)。

  A. 速度   B. 可靠性   C. 分辨率   D. 精度

26. 分辨率是显示器的主要参数之一,它是指(　　　)。

  A. 显示屏幕上的光栅的列数和行数   B. 显示屏幕上的水平和垂直扫描频率

  C. 可显示不同颜色的总数   D. 同一画面允许显示不同颜色的最大数目

27. 计算机的软件系统可分为(　　　)。

  A. 程序与数据   B. 系统软件与应用软件

  C. 操作系统与语言处理程序   D. 程序、数据与文档

28. (　　　)是指用户自己开发或者由第三方软件公司开发的软件,能满足用户的特殊需要。

A. 系统软件　　　　　B. 应用软件　　　　　C. 操作系统　　　　　D. 软件包

29. 下列软件中,(　　)一定是系统软件。

　　A. 自编的一个 C 程序,功能是求解一个一元二次方程

　　B. Windows 操作系统

　　C. 用汇编语言编写的一个练习程序

　　D. 存储有计算机基本输入 / 输出系统的 ROM 芯片

30. 学校使用计算机进行学生的学籍及成绩管理,这属于计算机在(　　)方面的应用

　　A. 数据处理　　　　　B. 过程控制　　　　　C. 科学计算　　　　　D. 人工智能

31. WPS、Word 等文字处理软件属于(　　)。

　　A. 管理软件　　　　　B. 网络软件　　　　　C. 应用软件　　　　　D. 系统软件

32. 计算机软件系统一般包括系统软件和(　　)。

　　A. 文字处理软件　　　B. 应用软件　　　　　C. 管理软件　　　　　D. 数据库软件

33. 计算机软件系统中最基础的系统软件是(　　)。

　　A. 操作系统　　　　　B. 语言处理系统　　　C. 数据库管理系统　　D. 网络通信管理程序

34. 以下属于高级语言的是(　　)。

　　A. 汇编语言　　　　　B. Java 语言　　　　　C. 机器语言　　　　　D. 以上都是

35. (　　)都属于计算机的低级语言。

　　A. 机器语言和高级语言　　　　　　　　　　B. 机器语言和汇编语言

　　C. 汇编语言和高级语言　　　　　　　　　　D. 高级语言和数据库语言

36. 不要翻译即能被计算机直接执行的是(　　)。

　　A. 机器语言程序　　　B. 汇编语言程序　　　C. 高级语言程序　　　D. 数据库语言程序

37. 下述说法中正确的是(　　)。

　　A. 计算机系统由运算器、控制器、存储器、输入和输出设备 5 个部分组成

　　B. 鼠标是一种输入设备

　　C. 硬盘只能作为计算机的输出设备

　　D. 打印机能作为计算机的输入设备

38. 在计算机性能指标中,MIPS 用来衡量计算机的(　　)

　　A. 速度　　　　　　　B. 内存型号　　　　　C. 字长　　　　　　　D. 可靠性

39. 在具有多媒体功能的微型计算机系统中,常用的 CD-ROM 是(　　)。

　　A. 只读大容量软盘　　B. 只读型光盘　　　　C. 只读型硬盘　　　　D. 半导体只读存储器

40. 在计算机中,一个字节由(　　)个二进制位组成。

　　A. 2　　　　　　　　　B. 4　　　　　　　　　C. 8　　　　　　　　　D. 18

41. "32 位机"中的 32 位表示的是一项技术指标,即为(　　)。

　　A. 字节　　　　　　　B. 容量　　　　　　　C. 字长　　　　　　　D. 速度

42. 大家常说的 32 位机指的是(　　)。

　　A. CPU 的地址总线是 32 位　　　　　　　　B. 计算机中的一个字节表示 32 位二进制

　　C. CPU 可以同时处理 32 位二进制数据　　　D. 扩展总线是 32 位

43. 在 64 位高档计算机中,一个字长所占的二进制位数为(　　)。

　　A. 8　　　　　　　　　B. 16　　　　　　　　C. 32　　　　　　　　D. 64

44. 下列不属于微型计算机主要性能指标的是(　　)。

A. 字长   B. 内存容量   C. 重量   D. 主频

45. 在计算机中，1 MB 等于（   ）。

    A. 1 024×1 024 个字   B. 1 024×1 024 个字节

    C. 1 000×1000 个字节   D. 1 000×1 000 个字

46. 下列不能用作存储容量单位的是（   ）。

    A. Byte   B. MIPS   C. KB   D. GB

47. 下列关于主频的叙述正确的是（   ）。

    A. 主频是完整的读/写操作所需的时间

    B. 字长越长，主频越高

    C. 主频是指计算机主时钟在 1 秒钟内发出的脉冲数

    D. 主频的单位是秒

48. 二进制 01100100 转换成八进制数是（   ）。

    A. 64   B. 63   C. 100   D. 144

49. 二进制数 10100001010.1110 的十六进制表示为（   ）。

    A. A12.4   B. 50A.E   C. 2412.E   D. 2412.7

50. 下列 4 个数据虽然没有说明其进制，但可以肯定（   ）不是八进制数据。

    A. 1001011   B. 75   C. 116   D. 28

51. 在下列不同进制的 4 个数中，最小的数是（   ）。

    A. $(11011001)_2$ B. $(37)_8$ C. $(75)_{10}$ D. $(2A)_{16}$

52. 汉字国标码（GB 2312—80）规定，每个汉字用（   ）。

    A. 1 个字节表示   B. 2 个字节表示   C. 3 个字节表示   D. 4 个字节表示

二、多选题

1. 下列叙述正确的是（   ）。

    A. 计算机在使用过程中突然断电，RAM 中保存的信息全部丢失，ROM 中保存的信息不受影响

    B. 容量在 500 GB 以上的硬盘，不用进行格式化即可使用

    C. 键盘和显示器都是计算机的 I/O 设备，其中键盘为输入设备，显示器为输出设备

    D. 个人计算机键盘上的 Ctrl 键是起控制作用的，它一般与其他键同时按下才有用

    E. 键盘是输入设备，但显示器上显示的内容既有输出的结果，又有用户通过键盘输入的内容，故显示器既是输入设备又是输出设备

2. 下列关于操作系统的叙述正确的是（   ）。

    A. 操作系统是一种系统软件

    B. 操作系统是计算机硬件的一个组成部分

    C. 操作系统是数据库管理系统的子系统

    D. 操作系统是对硬件的第一层扩充，应用软件是在操作系统的支持下工作的

    E. 操作系统的作用是控制和管理计算机资源，合理组织工作流程，方便用户使用

3. 下列叙述正确的是（   ）。

    A. 计算机系统的资源是数据

    B. 计算机硬件系统是由 CPU、存储器、输入设备和输出设备组成的

C. 16 位字长的计算机是指能计算最大为 16 位十进制数的计算机

D. 计算机区别于其他计算工具的本质特点是能存储数据、程序,具有判断功能

E. 运算器是完成算术和逻辑操作的核心部件,通常称为 CPU

4. 下列叙述正确的是(　　　)。

A. 计算机高级语言是与计算机型号无关的算法语言

B. 汇编语言程序在计算机中不需要编译,能被直接执行

C. 机器语言程序是计算机能直接执行的程序

D. 低级语言学习、使用难,运行效率也低,目前已被完全淘汰

E. 程序必须调入内存才能运行

5. 下列设备属于外存储设备的是(　　　)。

　　A. U 盘　　　　　　　　B. 硬盘　　　　　　C. RAM　　　　　　D. ROM　　　　E. 光盘

6. 与 U 盘相比,硬盘的特点是(　　　)。

　　A. 存取速度较慢　　　B. 存储容量大　　　C. 便于随身携带　　　D. 存取速度快

　　E. 存储容量比较小

7. 下列叙述正确的有(　　　)。

A. 功能键代表的功能是由硬件确定的

B. 关闭显示器的电源,正在运行的程序立即停止运行

C. 硬盘驱动器既可以作为输入设备,也可以作为输出设备

D. U 盘在读 / 写时不能取出,否则可能会损伤 U 盘

E. 计算机在开机时应先接通外设电源,然后接通主机电源

三、判断题

1. 在第二代计算机中,以晶体管取代电子管作为其主要的逻辑元件。　　　　　　　　　　(　　　)

2. 一般而言,中央处理器由控制器、外围设备及存储器组成。　　　　　　　　　　　　　(　　　)

3. 程序必须送到主存储器内,计算机才能够执行相应的命令。　　　　　　　　　　　　　(　　　)

4. 计算机的所有计算都是在内存中进行的。　　　　　　　　　　　　　　　　　　　　　(　　　)

5. 计算机的存储器可分为主存储器和辅助存储器两种。　　　　　　　　　　　　　　　　(　　　)

6. 高速缓冲存储器(Cache)属于内存。　　　　　　　　　　　　　　　　　　　　　　　(　　　)

7. 系统软件又称为系统程序。　　　　　　　　　　　　　　　　　　　　　　　　　　　(　　　)

8. 计算机存储的基本单位是 bit。　　　　　　　　　　　　　　　　　　　　　　　　　(　　　)

9. 只读存储器(ROM)内所存的数据是固定不变的。　　　　　　　　　　　　　　　　　(　　　)

10. 磁盘上的磁道由多个同心圆组成。　　　　　　　　　　　　　　　　　　　　　　　(　　　)

11. 计算机处理数据的基本单位是文件。　　　　　　　　　　　　　　　　　　　　　　(　　　)

12. 任何程序都可被视为计算机的软件。　　　　　　　　　　　　　　　　　　　　　　(　　　)

13. 主频越高,计算机的运行速度越快。　　　　　　　　　　　　　　　　　　　　　　(　　　)

14. 如果没有软件,计算机将无法工作。　　　　　　　　　　　　　　　　　　　　　　(　　　)

15. 字长是指计算机能同时处理的二进制信息的位数。　　　　　　　　　　　　　　　　(　　　)

16. 计算机中采用二进制仅仅是为了计算简单。　　　　　　　　　　　　　　　　　　　(　　　)

17. 微型计算机的主要特点是体积小、价格低。　　　　　　　　　　　　　　　　　　　(　　　)

18. 鼠标不能取代键盘。　　　　　　　　　　　　　　　　　　　　　　　　　　　　　(　　　)

19. 衡量计算机性能的主要技术指标是字长、主频、存储容量、存取周期和运算速度。（　　）

20. 任何计算机都有记忆能力，其中的信息不会丢失。（　　）

21. 控制器的主要功能是自动产生控制命令。（　　）

22. 运算器只能运算，不能存储信息。（　　）

23. 显示器的主要技术指标是像素。（　　）

24. 决定计算机运算速度的是每秒钟能执行指令的条数。（　　）

25. 软件是程序和文档的集合，而程序是由语言编写的，语言的最终支持是指令。（　　）

四、填空题

1. 计算机的语言发展经历了 3 个阶段，它们是 _____ 阶段、汇编语言阶段和 _____ 阶段。

2. 微型计算机的外存储器通常是指 _____。

3. 运算器是执行 _____ 和 _____ 运算的部件。

4. 用 1 个字节表示的非负整数，最小值为 _____，最大值为 _____。

5. 计算机的主要性能指标是字长、存储周期、存储容量、_____、运算速度。

6. 十进制数 215 转换成二进制数为 _____。

7. 将二进制数 1010.101 转换成十进制数是 _____。

8. 将二进制数 11111011011B 转换成十六进制数是 _____。

9. 与十六进制数 AB 等值的十进制数是 _____。

第2章

Windows 10 操作系统

任务一　Windows 10 基本设置

任务描述

　　小王毕业后进入一家企业工作,由于业务出色,深受领导信任。近期,随着东京奥运会如火如荼地进行,办公室的气氛变得十分热烈。于是,领导让小王帮忙把办公室的电脑桌面和屏保更换成奥运相关的内容。

任务目的

（1）掌握 Windows 10 的启动与关闭方式。

（2）了解 Windows 10 的桌面构成。

（3）掌握 Windows 10 窗口的组成和基本操作。

（4）了解所用计算机的系统配置和系统信息情况。

（5）能将需要的应用添加到桌面,掌握管理桌面元素的操作方法。

（6）掌握 Windows 10 桌面背景以及屏幕保护的设置方法。

（7）能够设置系统的日期与时间。

技能储备

（1）启动与关闭 Windows 10 操作系统。

（2）认识 Windows 10 的桌面构成。

（3）使用不同的方式打开"文件资源管理器"窗口,掌握其组成和基本操作。

（4）观察所用计算机的系统配置和系统信息。

（5）管理桌面图标。

（6）修改桌面背景和屏幕保护程序。

（7）设置系统日期和时间。

1. Windows 10 的启动与关闭

要求:正常开关机。

操作过程:

（1）打开主机电源,正常启动 Windows 10 系统,观察启动过程中屏幕显示的有关信息。

（2）单击"开始"按钮，在弹出的菜单中单击"电源"按钮，在其级联菜单中单击"关机"，即可完成 Windows 10 系统的关闭操作。如果要重新启动计算机，单击"关机"按钮下方的"重启"按钮即可。

2. 了解 Windows 10 桌面及"开始"菜单的基本构成

操作过程：

（1）系统正常启动后，仔细观察桌面上有哪些图标。

（2）单击"开始"按钮，了解"开始"菜单的组成。

3. 掌握 Windows 10 的窗口组成及基本操作

操作过程：

（1）在"开始"按钮处右击，然后单击"文件资源管理器"，打开"文件资源管理器"窗口，认识其标题栏、菜单栏、地址栏、搜索栏、导航窗格、详细信息窗格、状态栏等。

（2）移动窗口。将鼠标指针指向标题栏，按住鼠标左键并拖动，至适当位置释放鼠标。

（3）缩放窗口。将鼠标指针移至窗口四边的任意位置，当鼠标指针变为双向箭头状时，按下鼠标左键并拖动鼠标，窗口即随之缩放。

（4）最大化窗口。窗口为非最大化状态时，单击窗口右上角的"最大化"按钮，窗口即扩大到最大化状态，"最大化"按钮同时变为"向下还原"按钮。

（5）最小化窗口。单击窗口右上角的"最小化"按钮，窗口即缩小至最小化状态，并显示在桌面底端的任务栏上。

（6）窗口内容的滚动。单击窗口中的向上滚动箭头或向下滚动箭头，窗口中的内容会向上或向下滚动一行；直接滚动鼠标上的滚轮，窗口内容会连续滚动；将鼠标指针移到窗口的滚动条上，拖动滚动条到指定位置，窗口的内容也会相应滚动。

（7）关闭窗口。单击窗口右上角的"关闭"按钮，或按 Alt+F4 快捷键，或单击"文件"选项卡中的"关闭"命令，均可关闭窗口。

4. 了解系统配置

操作过程：

（1）按 Win+R 快捷键，在弹出的"运行"对话框中键入"msconfig"，如图 2-1 所示，然后单击"确定"按钮，将打开"系统配置"对话框，如图 2-2 所示。在 Windows 操作系统出现问题时，通过该工具可以帮助确定系统出现问题的原因。

图 2-1 "运行"对话框

图 2-2 "系统配置"对话框

（2）按 Win+R 快捷键，在弹出的"运行"对话框中键入"msinfo32"，然后单击"确定"按钮，将显示"系统信息"窗口，如图 2-3 所示。其中，"系统摘要"工具可以显示当前计算机的硬件配置、计算机组件及软件环境的详细信息。

图 2-3　"系统信息"窗口

注意：在桌面上右击"此电脑"图标，在弹出的快捷菜单中选择"属性"命令，也可以查看有关计算机的基本信息。

5. 在桌面上添加图标并更改图标

要求：将"此电脑""网络""控制面板"等图标添加到桌面上，并更改"此电脑"图标的外观样式。

操作过程：

（1）在桌面的空白区域右击，从弹出的快捷菜单中选择"个性化"命令，在打开的"个性化"窗口的左侧单击"主题"选项（如果没有显示左侧菜单栏，则最大化"个性化"窗口），然后单击"桌面图标设置"链接，在弹出的"桌面图标设置"对话框中选中"计算机""网络""控制面板"。

（2）在"桌面图标设置"对话框的图标列表中选中"此电脑"，然后单击"更改图标"按钮，弹出"更改图标"对话框，如图 2-4 所示。从列表中选择一个图标，单击"确定"按钮即可回到"桌面图标设置"对话框，单击"确定"按钮，此时桌面上会出现系统图标。

图 2-4　"更改图标"对话框

6. 排列桌面图标

要求：按"名称"的方式排序桌面上的图标，并设置查看方式为"中等图标"。

操作过程：

（1）在桌面的任意空白处右击，从弹出的快捷菜单中选择"排序方式"，在其级联菜单中选择按"名称"方式排序桌面上的图标。

（2）在桌面的任意空白处右击，从弹出的快捷菜单中选择"查看"，在其级联菜单中选择"中等图标"选项，观察桌面上图标的变化。

7. 设置桌面背景

要求：将素材中的"背景.jpg"设置为桌面背景。

操作过程：

（1）在桌面的空白处右击，从弹出的快捷菜单中选择"个性化"命令，出现"个性化"窗口，如图2-5所示。若无左侧的菜单栏，最大化窗口后即可显示。

（2）单击窗口底部的图片，可以更换桌面背景。在此，我们单击"浏览"按钮，选择"实验一"文件夹中的"背景.jpg"。

（3）在窗口下方的"选择契合度"的下拉列表中选择"填充"。

图2-5 "个性化"窗口

8. 设置屏幕保护程序

要求：设置屏幕保护程序为"3D文字"，自定义文字为"请勿碰触"，等待时间为2分钟。

操作过程：

（1）在桌面的空白处右击，从弹出的快捷菜单中选择"个性化"命令，打开"个性化"设置窗口，单击左侧菜单栏中的"锁屏界面"，然后在右侧窗口底部单击"屏幕保护程序设置"链接，弹出"屏幕保护程序设置"对话框。

（2）在"屏幕保护程序"下拉列表中选择"3D文字"，在"等待"框中设置需要等待的时间，如图2-6所示。单击"设置"按钮，打开"3D文字设置"对话框，在"自定义文字"文本框中录入文字"请勿触碰"，并进行字体、旋转类型等设置，如图2-7所示，最后单击"确定"按钮完成设置。

图2-6 设置屏幕保护程序

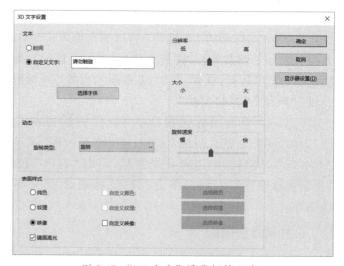

图2-7 "3D文字"屏幕保护程序

9. 将程序锁定到任务栏

操作过程：

（1）如果程序已经打开，则在任务栏上选择该程序并右击，从弹出的快捷菜单中选择"固定到任务栏"命令,则任务栏上将一直存在添加的应用程序。用户在任务栏中单击其图标即可打开该应用程序。

（2）如果程序没有打开,则单击"开始"按钮,从弹出的"开始"菜单中选择需要添加到任务栏中的应用程序,右击,在弹出的快捷菜单中选择"更多"→"固定到任务栏"命令,如图 2-8 所示。

（3）若要从任务栏中解锁,则右击已锁定的程序图标,从弹出的快捷菜单中选择"从任务栏取消固定"命令即可。

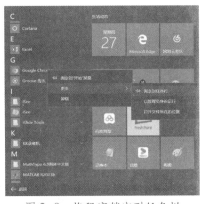

10. 查看并调整系统的日期和时间

图 2-8　将程序锁定到任务栏

操作过程:

（1）将鼠标移动到界面右下角的时间和日期图标上,单击,将出现日历查看界面,在此界面中用户可以看到日期和时间信息,如图 2-9 所示。

（2）如果系统中的日期和时间与当前的不一致,可以对系统时间和日期进行调整。方法为:在日历查看界面中,单击"日期和时间设置"链接,或右击"时间和日期"图标,从弹出的快捷菜单中选择"调整日期/时间"。

（3）在打开的"日期和时间"界面中,先单击关闭"自动设置时间"开关,再单击"更改"按钮,如图 2-10 所示。

图 2-9　日期和时间

图 2-10　自动更改时间

（4）在打开的"更改日期和时间"对话框中,使用鼠标选择准确的日期和时间,设置完成后,单击"更改"按钮,完成对系统的设置。

任 务 实 施

按照以下要求设置办公室电脑:

（1）将东京时间添加到桌面上的日期和时间界面中。

（2）设置屏幕保护程序为"3D 文字",内容为"奥运健儿加油!",等待时间为"2 分钟"。

（3）将素材图片"奥运"设置为桌面背景。

文件管理

任 务 描 述

作为一名刚入职的新员工，小王对公司的业务流程比较陌生。某天，领导让小王整理一下上一年度公司业绩的相关文件及文件夹，整理完成后压缩文件并发送到领导的邮箱内。

任 务 目 的

（1）借助 Windows 10 的"文件资源管理器"或"此电脑"窗口，实现对文件和文件夹的管理。

（2）熟练掌握文件和文件夹的选定、新建、重命名、复制、移动、删除、属性设置和查找操作。

（3）掌握回收站的一些操作。

（4）会创建压缩文件，能压缩到目标位置。

技 能 储 备

（1）打开"文件资源管理器"。

（2）会文件或文件夹的新建、复制、移动、查找、删除、重命名操作。

（3）设置文件或文件夹的隐藏属性。

（4）清空"回收站"。

（5）会压缩与解压操作。

1. 打开"文件资源管理器"

操作过程：

打开"文件资源管理器"，有多种方法：

（1）右击"开始"按钮，在出现的快捷菜单中选择"文件资源管理器"。

（2）单击"开始"→"文件资源管理器"。

（3）单击"开始"→"Windows 系统"→"文件资源管理器"。

（4）单击锁定在 Windows 10 任务栏中的"文件资源管理器"图标。

2. 新建文件及文件夹

要求：利用"文件资源管理器"打开实验素材中名为"实验二"的文件夹，在"学院文件"文件夹中新建一个名为"学院简介.txt"的文件和一个名为"信息与控制工程学院"的子文件夹。

操作过程：

（1）打开"文件资源管理器"，在导航窗格中展开目录并找到实验素材，双击，打开"实验二"文件夹中的"学院文件"文件夹，此时工作区中显示的即为该文件夹的内部文件和文件夹。

（2）在工作区的空白处右击，在弹出的快捷菜单中选择"新建"→"文本文档"命令，如图 2-11 所示。

（3）在工作区中可以看到"新建文本文档"，并且其名称处于被选中状态，此时输入"学院简介"对其重命名，然后在空白处单击，即可完成新建文件操作。

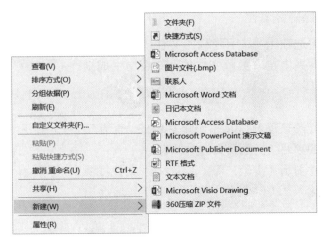

图 2-11　快捷菜单

（4）在工作区的空白处右击，在弹出的快捷菜单中选择"新建"→"文件夹"命令，或者直接单击工具栏中的"新建文件夹"按钮进行新建。

（5）在工作区可以看到新建的文件夹且其名称被选中，输入"信息与控制工程学院"，然后在空白处单击，完成新建文件夹操作。

3. 复制文件或文件夹

要求：将"实验二"中的"招生与就业办公室"文件夹下名为"通知.docx"的文件复制到"信息与控制工程学院"文件夹中。

操作过程：

（1）打开"文件资源管理器"，在导航窗格中找到"招生与就业办公室"文件夹并单击。

（2）在工作区右击"通知.docx"文件图标，在弹出的快捷菜单中选择"复制"命令，或者单击"通知.docx"文件图标，然后使用 Ctrl+C 快捷键进行复制。

（3）打开"信息与控制工程学院"文件夹，在工作区空白处右击，从弹出的快捷菜单中选择"粘贴"命令，或者在"信息与控制工程学院"文件夹中使用 Ctrl+V 快捷键进行粘贴。

4. 移动文件或文件夹

要求：将"实验二"中的"教务处"文件夹下的"2019 级学生成绩.xlsx"文件移到"学生成绩"文件夹中，然后将"招生与就业办公室"下的"学籍管理"文件夹移到"教务处"中。

操作过程：

（1）打开"文件资源管理器"，在导航窗格中找到并单击"教务处"文件夹，在工作区右击"2019 级学生成绩.xlsx"文件图标，从弹出的快捷菜单中选择"剪切"命令，或者单击"2019 级学生成绩.xlsx"文件，按 Ctrl+X 快捷键进行剪切。

（2）在导航窗格中打开"学生成绩"文件夹，在工作区空白处右击，从弹出的快捷菜单中选择"粘贴"命令，完成文件的移动操作。

（3）在导航窗格中打开"招生与就业办公室"文件夹,在工作区中右击其子文件夹"学籍管理",从弹出的快捷菜单中选择"剪切"命令。

（4）在导航窗格中打开"教务处"文件夹,在工作区空白处右击,从弹出的快捷菜单中选择"粘贴"命令,完成文件夹的移动操作。

5. 查找文件并去除隐藏属性

要求:设置文件夹选项为"显示隐藏的文件或文件夹",并在"学院文件"文件夹中搜索隐藏文件"2018级学生成绩表.xlsx",去除其隐藏属性。

操作过程:

（1）打开"文件资源管理器",单击菜单栏中的"查看",使工具栏中的"隐藏的项目"复选框为选中状态。

（2）在导航窗格中打开"实验二"文件夹,在"文件资源管理器"的搜索栏中输入"2018级学生成绩表",工作区会出现相应的搜索结果。

（3）右击搜索到的文件,从弹出的快捷菜单中选择"属性",在弹出的对话框中去除"隐藏"复选状态,如图 2-12 所示,单击"确定"按钮完成设置。

图 2-12 文件属性

6. 同时删除多个文件,并清空"回收站"

要求:将"实验二"下"学院文件"中的"理学院""艺术学院"文件夹及"学院建设规划.docx"文件同时删除,然后清空"回收站"。

操作过程:

（1）打开"文件资源管理器",在导航窗格中打开"学院文件"文件夹。

（2）按住 Ctrl 键并依次在工作区单击"理学院""艺术学院"文件夹及"学院建设规划.docx"文件,这时它们同时被选中。

（3）鼠标指向任意一个被选中的对象并右击,从弹出的快捷菜单中选择"删除"命令,或者直接按 Delete 键进行删除。

（4）单击任务栏最右端的"显示桌面"按钮,然后双击桌面上的"回收站"图标,打开"回收站"窗口。

（5）在工作区空白处右击,从弹出的快捷菜单中选择"清空回收站",打开"删除多个项目"对话框,单击"是"按钮,完成清空操作。在桌面上右击"回收站"图标,从弹出的快捷菜单中选择"清空回收站"命令,并单击"删除多个项目"对话框中的"是"也可以完成操作。

7. 文件或文件夹的重命名

要求:将"实验二"下"学院文件"中的"建工学院"文件夹重命名为"建筑工程学院",然后将"招生与就业办公室"文件夹下的"招聘信息.xlsx"文件重命名为"就业信息.xlsx"。

操作过程:

（1）打开"文件资源管理器",在导航窗格中打开"学院文件",在工作区右击"建工学院"文件夹图标,从弹出的快捷菜单中选择"重命名"命令,输入"建筑工程学院"并按 Enter 键确认。

（2）在导航窗格中打开"招生与就业办公室"文件夹，在工作区右击"招聘信息.xlsx"文件图标，从弹出的快捷菜单中选择"重命名"命令，将其改为"就业信息.xlsx"并按 Enter 键，完成重命名操作。

8. 创建压缩文件并解压

要求：将"实验二"中的"学院文件"文件夹压缩为"学院文件.zip"，然后将文件夹"体育学院"添加到"学院文件.zip"，最后把"学院文件.zip"解压到桌面。（以"360 压缩"软件为例进行介绍）

操作过程：

（1）打开"文件资源管理器"，在导航窗格中打开"实验二"，在工作区右击"学院文件"文件夹，从弹出的快捷菜单中选择"添加到'学院文件.zip'"命令，如图 2-13 所示，系统开始压缩文件。

（2）压缩完成后，在当前路径下的工作区中会出现"学院文件.zip"文件，双击，打开此文件。

（3）在"文件资源管理器"的导航窗格中打开"实验二"，然后选中工作区中的"体育学院"文件夹，并按住鼠标左键拖动到刚刚打开的"学院文件.zip-360 压缩"窗口的工作区中，即可实现自动压缩，如图 2-14 所示。

图 2-13　创建压缩文件

图 2-14　压缩文件

（4）在"文件资源管理器"中右击更新后的"学院文件.zip"文件，从弹出的快捷菜单中选择"解压到"命令，弹出"解压文件"对话框，如图 2-15 所示，更改"目标路径"为"桌面"，最后单击"立即解压"完成解压操作。

图 2-15　"解压文件"对话框

任 务 实 施

打开文件夹"部门管理",进行以下操作：

（1）在"部门管理"文件夹下创建一个名为"工程部"的文件夹。

（2）将"财务部"文件夹中的文件"工程部9月工资一览表.xlsx"复制到"工程部"文件夹中，并更名为"9月工资明细表.xlsx"。

（3）将"企划部"文件夹下"阳光工程"文件夹中的文件夹"衣物捐赠"的隐藏属性撤销。

（4）将"产品部"文件夹下的文件"产品推广文案初稿"删除。

（5）将"企划部"文件夹下文件"设计单位名单.txt"和"产品部"文件夹下的文件"设计单位联系方式.xlsx"文件移动到"工程部"文件夹中。

（6）在"工程部"文件夹中创建名为"施工安全准则.txt"的文件，并设置属性为"只读"。

任务三 控制面板

任 务 描 述

最近办公室的公用电脑越来越卡，领导让小王卸载一下这台电脑上的一些不必要软件，并新增一个标准账户，方便公司其他部门员工借用这台电脑。

任 务 目 的

（1）能通过控制面板管理计算机的软、硬件资源。

（2）能主动卸载不需要的程序。

（3）掌握创建账户并为其设置密码的操作。

（4）能够配置局域网内操作系统的IP地址。

技 能 储 备

扫一扫

（1）设置Windows Defender防火墙。

（2）卸载电脑中的应用程序。

（3）创建管理员账户。

（4）自定义设置本地IP地址。

1. 设置Windows Defender防火墙

要求：首先启用Windows Defender防火墙，然后设置访问规则，阻止某一软件的联网功能（以腾讯QQ为例）。

操作过程：

（1）单击"开始"→"Windows系统"→"控制面板"→"系统和安全"，打开"系统和安全"窗口，如图2-16所示，单击"Windows Defender防火墙"，打开"Windows Defender防火墙"窗口。

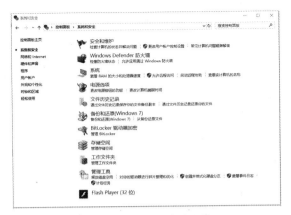

图 2-16　"系统和安全"窗口

（2）单击左侧的"启用或关闭 Windows Defender 防火墙"，打开"自定义设置"窗口，如图 2-17 所示，然后依次单击"专用网络设置"和"公用网络设置"中的"启用 Windows Defender 防火墙"按钮，最后单击"确定"按钮，完成启用防火墙的操作。

图 2-17　"自定义设置"窗口

（3）在"Windows Defender 防火墙"窗口中，单击左侧的"高级设置"，弹出"高级安全 Windows Defender 防火墙"窗口，如图 2-18 所示。从图中可以看出，窗口的左侧包含规则列表，中间为配置文件信息，右侧为"操作"列表。

图 2-18　"高级安全 Windows Defender 防火墙"窗口

（4）阻止某软件联网需要创建出站规则，因此，选择"高级安全 Windows Defender 防火墙"窗口中的"出站规则"选项，再选择"操作"列表中的"新建规则"选项，弹出"新建出站规则向导"对话框,如图 2-19 所示。

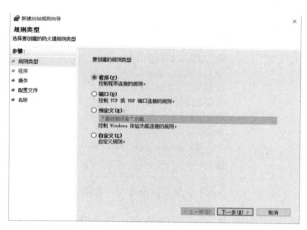

图 2-19 "新建出站规则向导"对话框

（5）以阻止 QQ 联网为例,选择"程序"单选按钮,单击"下一步",然后单击"此程序路径"中的"浏览"按钮,在"打开"对话框中找到对应程序的可执行文件,单击"打开"按钮。

（6）可以看到程序路径已经被填入,单击"下一步",然后选择"阻止链接"单选按钮,并单击"下一步"。

（7）在对话框中设置阻止操作的网络范围,这里勾选所有复选框,单击"下一步"。

（8）在对话框中输入该出站规则的名词和描述,单击"完成"按钮,可以看到刚创建的新规则已经在中间的列表中。若需要更改,双击该名称进行详细设置;若需要删除,在规则上右击,选择"删除"命令即可。

2. 删除应用程序

要求:卸载不需要的应用程序(以"360 压缩"软件为例)。

操作过程:

（1）打开"控制面板"窗口,单击"程序"→"卸载程序",弹出"程序和功能"窗口。

（2）选择"360 压缩"应用程序,右击,选择"卸载／更改"按钮,然后按照该卸载程序的提示选择"我要直接卸载 360 压缩",如图 2-20 所示,最后单击"立即卸载"。

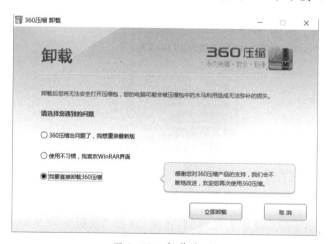

图 2-20 卸载应用

3. 创建管理员账户

要求：创建用户名为"Admin"的管理员账户，并设置密码为 123456。

操作过程：

（1）打开"控制面板"，单击"用户账户"→"更改账户类型"，在打开的"管理账户"窗口中单击"在电脑设置中添加新用户"，然后单击"将其他人添加到这台电脑"链接。

（2）在出现"Microsoft"对话框中单击"我没有这个人的登录信息"，然后单击"添加一个没有 Microsoft 账户的用户"。

（3）填写新用户的账户名"Admin"、密码"123456"和密码提示（注意两次输入的密码要保持一致），填写完成后单击"下一步"。

（4）创建该账户后，会返回到"设置"窗口，可以看到新添加的用户显示在"其他用户"区域下，但它只是一个普通的本地账户，不是管理员账户，如图 2-21 所示。

图 2-21 管理账户

（5）选中该用户名，单击"更改账户类型"按钮，在弹出的"更改账户类型"对话框中，在"账户类型"下拉列表中选择"管理员"，然后单击"确定"按钮，即可将 Admin 添加为管理员账户。

4. 设置局域网内的 IP 地址

要求：将本地网络的 IPv4 地址设置为 192.168.1.12、子网掩码为 255.255.255.0、默认网关为 192.168.1.1、DNS 服务器为 192.168.1.1。

操作过程：

（1）单击"控制面板"→"网络和 Internet"→"网络和共享中心"，在打开的"网络和共享中心"窗口中单击左侧的"更改适配器设置"，在出现的"网络连接"窗口中可以看到网卡的信息，如图 2-22 所示。

（2）右击"以太网"，从弹出的快捷菜单中选择"属性"，弹出"以太网属性"对话框，选中"Internet 协议版本 4（TCP/IPv4）"复选框，然后单击"属性"按钮，弹出"Internet 协议版本 4（TCP/IPv4）属性"对话框。

（3）默认的 IP 设置为"自动获得 IP 地址"，单击"使用下面的 IP 地址"按钮，并输入 IP 地址、子网掩码、默认网关以及 DNS 服务器地址，如图 2-23 所示（实验机房安装了保护卡，同学们可以放心练习）。

图 2-22　网络连接

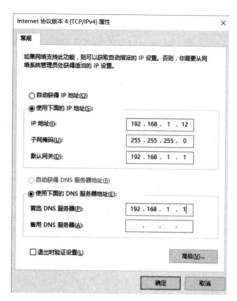

图 2-23　TCP/IPv4 属性

任务实施

卸载垃圾软件,创建一个新的标准账户。

任务四　实用工具

任务描述

作为一名刚入职的新员工,小王对公司的业务流程比较陌生。为了尽快熟悉业务流程,他除了积极向同事学习外,还在桌面上新建了一张便笺记录工作流程,放在显眼的位置上,以便随时查看处理。

任务目的

掌握 Windows 10 附件工具的使用。

技能储备

(1)使用"便笺""计算器""记事本""画图"等常用程序。

(2)使用 Windows 的自带工具,完成录音、截图、输入数学公式等操作。

1. 使用"便笺"程序

要求:打开并新建一个便笺,然后输入备忘信息。

操作过程:

（1）单击"开始"→"Windows 附件"→"便笺"进行启动，或者在任务栏的"Cortana"搜索栏中输入"便笺"并按 Enter 键。

（2）便笺启动后，在桌面的右上角会显示文本编辑窗口，该窗口处于可编辑状态，用户可以直接输入备忘信息。

（3）单击左上角的"＋"按钮，可以添加新的便笺；单击右上角的"×"按钮，可删除该便笺。

（4）将光标放置在便笺的标题栏上，按住鼠标左键可以将其拖动到合适位置。在便笺窗口上右击，从弹出的快捷菜单中可以更改便笺的背景颜色。

2."计算器"的基本操作

要求：利用"计算器"，得到十进制数 236 对应的二进制、八进制、十六进制数。

操作过程：

（1）单击"开始"，在应用列表中下滑找到并单击拼音"J"下方的"计算器"，打开"计算器"应用程序。

（2）默认的计算器模式为标准型计算器，除此之外还有科学型计算器、程序员型计算器和其他类型计算器。为了方便数字的进制转换，这里选用程序员型计算器。在标准型计算器界面中，单击"标准"前面的选项按钮，选择"程序员"选项，如图 2-24 所示。

（3）在程序员型计算器界面中输入"236"，此时计算器将自动计算出其他进制的数值，其二进制、八进制和十六进制的结果分别显示在 BIN、OCT 和 HEX 的后面，如图 2-25 所示。

图 2-24　标准型计算器

图 2-25　程序员型计算器

3."记事本"程序

要求：利用"记事本"程序录入文字，并将其保存在桌面上，文件名为"文字录入"。

操作过程：

（1）单击"开始"→"Windows 附件"→"记事本"，打开"记事本"应用程序。

（2）在编辑区录入文字"信息技术"后，单击"文件"菜单下的"保存"命令。

（3）在弹出的"另存为"对话框的导航窗格中选择"桌面"，然后在"文件名"对应的框中输入"文字录入.txt"，"保存类型"默认为"文本文档"，单击"保存"按钮完成操作。

4. 画图

要求：用"画图"程序创建"New.bmp"文件，并制作一幅简单的画图，保存在桌面上。

操作过程：

（1）依次单击"开始"→"Windows 附件"→"画图"，打开"画图"应用程序。

（2）要制作一幅图片，首先要确定画布的大小。可以通过单击"图像"功能区中的"重新调整大小"按钮，在打开的"调整大小和扭曲"对话框中设置画布的宽度和高度，也可以将光标移动到画布的右下角、底部或右侧，当指针变成双向箭头形状时，按住鼠标左键拖拽来调整画布的大小。

（3）"画图"程序中的工具箱提供了很多工具，可以使用它们绘制各种图形，还可以剪裁区域、用色彩填充封闭区域、利用"文字"工具添加文字等。在图片绘制过程中的各种特殊处理，都可以在菜单中找到相应的命令。

（4）画图完毕后，通过快速访问工具栏中的"保存"按钮，以"New.bmp"为文件名保存在桌面上。

5. 利用"录音机"录制声音

要求：录制一段声音，保存文件名为"我的声音"并播放。

操作过程：

（1）确认麦克风连接好后，单击"开始"，在应用列表中下滑找到并单击拼音"L"下方的"录音机"，打开"录音机"应用程序。

（2）单击界面中间的"录音"按钮开始录音。

（3）录音完毕后，单击"停止录音"按钮，系统会自动保存并命名为"录音"，格式为 m4a。

（4）右击完成的录音文件名，单击"重命名"，如图 2-26 所示。

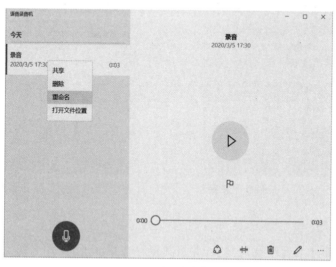

图 2-26　录音机

（5）输入"我的录音"并按 Enter 键，然后单击界面右边的"播放"按钮进行播放。

6. "截图工具"的使用

要求：利用"截图工具"截取控制面板窗口，并保存为"截图 1.png"。

操作过程:

（1）单击"开始"→"Windows 附件"→"截图工具"，打开"截图工具"窗口。

（2）单击"模式"按钮右边的向下按钮，从列表中选择"矩形截图"。

（3）选定截图模式后，此时整个屏幕就像被蒙上了一层白纱，按住鼠标左键，选择要捕获的屏幕区域（把整个控制面板窗口选中），然后释放鼠标，截图完成。

（4）被截取的屏幕图像将显示在"截图工具"窗口的编辑区中，可以使用荧光笔等工具添加注释。

（5）操作完成后，在工具栏中单击"复制"按钮，可以将截图复制到剪贴板，通过"粘贴"命令可以将其插入 Word 文档中。在菜单栏中单击"文件"→"另存为"选项，在弹出的"另存为"对话框中选择好保存的位置，然后在"文件名"对应的框中输入"截图 1.png"，其默认类型为 PNG，最后单击"保存"按钮，可将截图以独立文件的形式进行保存。

7. 数学输入面板

操作过程:

（1）依次单击"开始"→"Windows 附件"→"数学输入面板"，即可打开 Windows 10 内置的数学输入面板组件。

（2）在手写区域中用鼠标写入公式。

（3）如果在预览框中发现自动识别的公式存在错误，可以在手写区右击具体的字符，然后在弹出的快捷菜单中选取正确的候选字符进行更正，如图 2-27 所示。或者单击右边的"选择和更正"按钮，然后单击一下被错误识别的字符，就会弹出一个候选字符列表，在其中选择正确的字符。

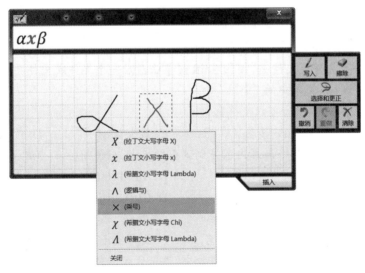

图 2-27　数学输入面板

（4）如果识别依然不正确，可以单击工具栏中的"擦除"按钮，去掉无法正确识别的字符，然后单击"写入"按钮重新手写。

（5）公式输入完成后，先打开需要插入公式的编辑器窗口（如 Word），然后单击"数学输入面板"界面右下角的"插入"按钮，即可直接将公式输入相应的编辑器窗口。

任务实施

按以下要求完成工作：

（1）在桌面上创建便笺记录明天的工作内容，包括：联系设计单位，确定设计方案；联合产品部，更新产品性能。

（2）截图保存今天未完成的工作，并添加到便笺中。

（3）使用录音机记录会议内容，会后整理会议纪要，并在记事本中录入内容，将其保存在桌面上，文件名为"产品推销方案"。

综合练习

一、单选题

1. 在 Windows 环境下，整个显示器屏幕被称为（　　）

　A. 桌面　　　　　　　B. 窗口　　　　　　C. 对话框　　　　D. 菜单项

2. 在 Windows 的回收站中，存放的（　　）

　A. 只能是硬盘上被删除的文件或文件夹

　B. 只能是软盘上的文件或文件夹

　C. 可以是硬盘或软盘上的文件或文件夹

　D. 可以是所有外存储器中被删除的文件或文件夹

3. 在 Windows 的"文件资源管理器"窗口中，如果选定连续多个文件或文件夹，正确的操作是（　　）

　A. 按住 Ctrl 键，用鼠标右键逐个选取

　B. 单击第一个文件或文件夹，按住 Ctrl 键单击最后一个文件或文件夹

　C. 单击第一个文件或文件夹，按住 Shift 键单击最后一个文件或文件夹

　D. 单元击"编辑"菜单中的"全选"命令

4. 双击一个窗口的标题栏，可以使得窗口（　　）

　A. 关闭　　　　　　　B. 移动　　　　　　C. 最大化　　　　D. 最小化

5. 在 Windows 中，欲将整个屏幕内容复制到剪贴板上，应使用（　　）键

　A. PrintScreen　　　　　　　　　　　B. Alt+PrintScreen

　C. Shift+PrintScreen　　　　　　　　D. Ctrl+PrintScreen

6. 文件夹中"按类型"排列图标，就是按（　　）排序

　A. 文件主名　　　　B. 文件扩展名　　　C. 文件大小　　　D. 都不是

7. 在 Windows 的"文件资源管理器"窗口中，显示方式不包括（　　）

　A. 大图标　　　　　B. 小图标　　　　　C. 列表　　　　　D. 预览

8. 当选定硬盘中文件或文件夹后，不将文件或文件夹放到"回收站"中，而直接删除的操作是（　　）

　A. 按 Delete 键

　B. 用鼠标直接将文件或文件夹拖放到"回收站"中

　C. 按 Shift+Delete 快捷键

D. 用"此电脑"或"文件资源管理器"窗口的"文件"菜单中的"删除"命令

9. 在 Windows 操作系统中,关于文件名的叙述不正确的是(　　　)

　A. 在同一个驱动器中,允许文件名完全相同的文件存在

　B. 在同一个文件夹中,允许文件名完全相同的文件存在

　C. 在根目录中,不允许文件名完全相同的文件存在

　D. 在同一个文件夹中,不允许文件名完全相同的文件存在

10. 关于剪贴板,下列说法正确的是(　　　)

　A. 是各个应用共同使用的一个内存空间

　B. 提供了对文档内容进行复制、移动的磁盘临时存储区

　C. 是一个磁盘文件

　D. 是一个专用文档

11. 中文 Windows 向用户提供了(　　　)界面。

　A. 图形　　　　　　　　B. 命令行　　　　　　C. 纯文本　　　　　D. 字符

12. 在 Windows 中,活动窗口只能有(　　　)个。

　A. 1　　　　　　　　　B. 2　　　　　　　　　C. 3　　　　　　　D. 4

13. 关闭当前窗口可以使用的快捷键是(　　　)

　A. Ctrl+F1　　　　　　B. Alt+F4　　　　　　C. Ctrl+Esc　　　　D. Ctrl+F4

14. 用鼠标拖动窗口的(　　　),可以移动该窗口的位置。

　A. 控制按钮　　　　　　B. 标题栏　　　　　　C. 边框　　　　　　D. 菜单栏

15. 关于 Windows 操作系统,下列叙述正确的是(　　　)

　A. Windows 的操作只能用鼠标

　B. Windows 为每一个任务自动建立一个显示窗口,其位置和大小不能改变

　C. Windows 的多个窗口只有一种排列方式

　D. Windows 允许同时打开多个窗口

二、填空题

1. 在 Windows 中,为保护文件不被修改,可将其属性设置为 _____。

2. 在 Windows 的"文件资源管理器"窗口中,可以按住 _____ 键,选定多个分散的文件或文件夹。

3. 在 Windows 中,当用鼠标左键在不同的驱动器之间拖动对象时,系统默认的操作是 _____。

4. 文件属性有存档、系统、只读和 _____ 四种。

5. _____ 是被删除文档和文件的暂存区。

三、判断题

1. 在 Windows 中,可以同时打开多个窗口,但只有一个活动窗口。　　　　　　(　　　)

2. 在 Windows 中,对文件夹也有类似于文件的复制、移动、重新命名及删除等操作,但其操作方法是不相同的。　　　　　　　　　　　　　　　　　　　　　　　(　　　)

3. 窗口的最小化是指关闭该应用程序。　　　　　　　　　　　　　　　(　　　)

4. 只有对活动窗口才能进行移动、改变大小等操作。　　　　　　　　　(　　　)

5. 在第一次和第二次单击鼠标期间,不能移动鼠标,否则双击无效,只能执行单击命令。

（　　）

6. 当用户为应用程序创建快捷方式时,就是将应用程序再增加一个备份。　　（　　）

7. 在 Windows 中,为了终止一个应用程序的运行,可以先单击该应用程序窗口中的控制菜单栏,然后在控制菜单中选择"关闭"命令。　　（　　）

8. Windows 采用树形管理文件夹方式管理和组织文件。　　（　　）

9. Windows 的剪贴板只能复制文件,不能复制图形。　　（　　）

10. "任务栏"只能位于桌面底部。　　（　　）

第 3 章

文字处理软件 Word 2016

任务一　Word 2016 文档的基本操作

任务描述

公司领导想让小张写一篇关于防疫与抗疫的文章发布到公司群中,以激励公司员工团结一心共同做好防疫工作。小张在网上搜集到了一些关于讲述防疫与抗疫的感人故事类文章,经过整理并发布到了公司群中。

任务目的

(1)掌握 Word 文档的建立、保存与打开方法。

(2)掌握文本的正确输入方法。

(3)掌握 Word 文本内容的选定方法,文本的移动、复制及删除方法。

(4)掌握文本的查找与替换的方法,包括高级查找与替换。

(5)掌握撤销与恢复的操作方法、自动更正功能的使用方法。

(6)掌握拼写和语法检查功能的使用方法。

技能储备

根据提供的实验素材,练习 Word 文档的基本操作。

1. 启动 Word 2016

要求:打开 Word 2016(可使用多种方法打开)。

操作过程:

单击"开始"→"Word 2016",启动 Word 2016 应用程序。

2. 打开文档

要求:选择一种方法,打开实验素材文件"公司宣传计划 .docx"。

操作过程:

(1)单击"文件"→"打开"按钮,或者使用 Ctrl+O 快捷键,或者单击快速访问工具栏上的"打开"按钮,都会切换到"打开"界面,如图 3-1 所示。

图 3-1　"打开"界面

（2）双击"这台电脑"，在弹出的"打开"对话框中找到"实验素材／第3章／实验一／公司宣传计划.docx"文件的保存位置，选中该文件，单击"打开"按钮打开该文档。

3. 新建文档

要求：使用一种方法，新建一个空白文档。

操作过程：

单击"文件"→"新建"→"空白文档"按钮，或者使用 Ctrl+N 快捷键，都可以创建空白文档。

4. 输入文本

要求：将"公司宣传计划.docx"文档中图片里的内容输入新建的空白文档中。

操作过程：

选择合适的输入法，在文档中输入相关内容，效果如图 3-2 所示。

2020 年公司宣城工作计划
为统一思想，提高员工素质，增强凝聚力，塑造公司良好形象，更好地做好新形势下的企业宣城工作，推动企业文化建设，制定本计划。
一、指导思想
坚持宣城党的路线方针政策，以经济建设为中心，围绕增强企业凝聚力，突出企业精神的培育，把凝聚人心，鼓舞斗志，为公司的发展鼓与呼作为工作的出发点和落脚点，发挥好舆论阵地的作用，促进企业文化建设。
二、宣城重点
公司重大经营决策、发展大计、工作举措、新规定、新政策等；
党的方针政策、国家法律法规；
先进事迹、典型报道、工作创新、工作经验；
员工思想动态；
公司管理上的薄弱环节，存在的问题；
企业文化宣城。
三、具体措施
端正认识，宣城工作与经济工作并重。
强化措施，把宣城工作落到实处。
建立公司宣城网络，组建一支有战斗力的宣城队伍。
自 3 月份开始恢复《xx 报》。每月一期，期间根据需要增发副刊。
黑板报每半月一期。
宣城栏由公司办公室负责根据需要不定期更换。
更新、增添标语牌。要统一字体，统一着色，使之体现公司文化特色。
做好专题宣城活动。各部室根据需要牵头做好这项工作。
群团组织要广泛开展文体娱乐活动。
各分公司、部室要开好班前班后会。
加强对外宣城力度，主要是公司形象宣城和产品广告宣城等。

晨辉科技有限公司

图 3-2　在文档中输入内容

5. 移动文本

要求：将其中一段文本移动到另一段文本的前面。

操作过程：

（1）选择"做好专题宣城活动。各部室根据需要牵头做好这项工作。"文本。

（2）选择"开始"选项卡"剪贴板"组中的"剪切"按钮，或者右击，在弹出的快捷菜单中选择"剪切"命令，或者使用 Ctrl+X 快捷键，都可以把所选内容剪切到剪贴板中。

（3）将光标定位到"加强对外宣城力度，主要是公司形象宣城和产品广告宣城等。"段的前面，然后选择"开始"选项卡"剪贴板"组中的"粘贴"按钮，或者右击，在弹出的快捷菜单中选择"粘贴选项"中的"保留源格式"命令，或者使用 Ctrl+V 快捷键，都可以将剪贴板中的内容粘贴到目标位置。

注：也可以用鼠标拖动的方法实现移动或复制。

6. 保存文档

要求：将文件以"晨辉公司宣传计划"为文件名进行保存。

操作过程：

（1）选择"文件"选项卡中的"保存"或者"另存为"命令，都会展开"另存为"界面，如图 3-3 所示，双击"这台电脑"，弹出"另存为"对话框。

（2）在"另存为"对话框中选择文档要保存的目标文件夹，也可以单击对话框中的"新建文件夹"按钮，新建一个文件夹。

（3）在"文件名"框中输入"晨辉公司宣传计划"，在"保存类型"处选择"Word 文档"（这也是 Word 2016 默认的文件类型），如图 3-4 所示，然后单击"保存"按钮。

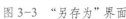

图 3-3　"另存为"界面

图 3-4　"另存为"对话框

7. 查找与替换

要求：练习查找"宣城"的操作，然后把文档中的"宣城"两个字替换为"宣传"。

操作过程：

（1）查找：查找文档中的"宣城"。单击"开始"选项卡"编辑"组中的"查找"按钮，在窗口的左侧将出现"导航"窗格，在文本框中输入"宣城"，如图 3-5 所示，搜索到的内容会以黄色底纹突出显示。

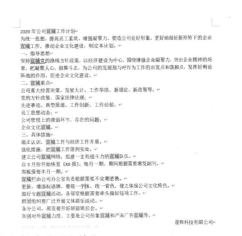

图 3-5　查找文档中的"宣城"

（2）替换：将所选文本中的"宣城"替换为"宣传"。选择文本，如图3-6所示，单击"编辑"组中的"替换"按钮，在弹出的"查找和替换"对话框中，将"查找内容"框中输入"宣城"，"替换为"框中输入"宣传"，如图3-7所示，单击"查找下一处"按钮，光标将定位在所选文本中的第一个"宣城"处并以高亮度显示。如果要替换目标，则单击"替换"按钮，系统会完成替换，并继续自动查找下一个；如果不想替换这个目标，则单击"查找下一处"按钮。

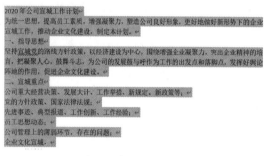

图3-6　选择内容

图3-7　"查找和替换"对话框

（3）全部替换：将文档中的所有的"宣城"替换为"宣传"。如果确定要将所选文本中的目标全部替换，则可直接单击"全部替换"按钮，全部替换完成以后，Word 2016会提示完成了多少处替换和是否搜索文档的其余部分，如图3-8所示。如果选择"否"，则只替换所选文本，然后结束替换；如果选择"是"，则会替换文档中其余所有的"宣城"。此处，我们选择"是"。

（4）高级替换：将文档中的《 》（书名号）及书名号内的内容设置为加粗、红色字体。在"查找内容"框中输入"《*》"（注："*"表示多个任意字符，"?"表示一个任意字符），然后在"替换为"框中单击，但什么也不填入，接着单击"更多"按钮，再单击"格式"按钮，然后选择"字体"命令，把字体设为红色、加粗，并选中"使用通配符"复选项，如图3-9所示，最后单击"全部替换"按钮。

图3-8　替换提示

图3-9　高级替换

8. 自动更正

要求：使用自动更正功能把输入中存在的问题自动更正过来。

操作过程：

在录入文本的过程中，难免会输错一些单词或词语。Word 2016 提供的自动更正功能，可以自动改正用户输入文本时的错误。

（1）在当前文档的空白处输入"thta"，会发现输入完毕后系统自动改成了"that"，当输入"爱屋及鸟"时，系统会自动改成"爱屋及鸟"，这就是使用了自动更正功能。

（2）单击"文件"选项卡中的"选项"命令，然后在"Word 选项"对话框中选择"校对"，如图 3-10 所示，单击"自动更正选项"按钮，打开"自动更正"对话框，在"替换"文本框中输入"晨"，在"替换为"文本框中输入"晨辉科技有限公司"，如图 3-11 所示，单击"添加"按钮，再单击"确定"按钮退出并返回当前文档。当在文档中输入"晨"时，系统就会自动替换为"晨辉科技有限公司"了。

图 3-10　"校对"选项

图 3-11　"自动更正"对话框

9.拼写和语法检查

要求:使用拼写和语法检查功能检查输入的内容,并改正错误的地方。

操作过程:

(1)在当前文档的空白处输入"I are a student. 爱屋及鸟",就会出现蓝色波浪线和红色波浪线(其中,蓝色波浪线表示语法错误,红色波浪线表示拼写错误),如图 3-12 所示。

(2)如果没有出现,需要开启拼写和语法检查功能。单击"文件"选项卡中的"选项"命令,在"Word 选项"对话框中单击"校对",分别进行拼写和语法检查的设置。选中"键入时检查拼写"和"键入时标记语法错误",单击"确定"按钮即可。

(3)单击"审阅"选项卡"校对"组中的"拼写和语法"按钮,如图 3-13 所示,将会在右侧打开"拼写检查"任务窗格,如图 3-14 所示,或"语法"任务窗格,如图 3-15 所示,系统会标识出认为错误的地方并提出修改建议。可以选择需要修改的地方,单击"更改"按钮进行更改,或单击"忽略一次"按钮跳过此次检查。也可以将某些特殊的语法添加到词典中,以后系统将不再标示出这些特殊用法。

I are a student. 爱屋及鸟

图 3-12 文字输入

图 3-13 "拼写和语法"按钮

图 3-14 "拼写检查"任务窗格

图 3-15 "语法"任务窗格

任务实施

打开任务素材"感动",并完成以下操作:

(1)为文档添加标题"感动!8 个真实防疫故事,让人泪流满面",并设置为黑体,小二号,加粗,且居中显示,段后距为 1 行。

(2)将文档中正文(除标题外)字体设置为楷体,小四号,并设置为首行缩进 2 字符,行间距为 1.1 行。

(3)将文档中所有格式为"标题一"样式的文本格式设置为隶书,三号,加粗,红色。

(4)将正文中第三段复制到文档的末尾,粘贴后的文本保留原格式(形成单独一段)。

(5)将文档中最后一段的字体设置为楷体,二号,加粗。

(6)设置文档自动保存时间间隔为 5 分钟。

（7）将文档以"感动＋姓名（自己的名字）"为文件名保存到桌面上。

该文档的效果如图 3-16 所示。

图 3-16　文档效果

任务二　文档格式化与排版

任务描述

公司领导想让小张写一篇《传递爱心》的文章发到公司群里，以激励员工向周围的人传递关爱和帮助，学会关心他人。小张写完后，想通过 Word 2016 软件的格式设置功能将文章设置得更美观。

任务目的

（1）掌握字体和段落格式的设置方法。

（2）掌握样式、项目符号、编号、边框和底纹的设置方法。

（3）掌握分栏与首字下沉的设置方法。

技能储备

根据提供的实验素材，进行文档的格式化、应用样式、项目符号和编号的添加、分栏的设置、首字下沉、边框和底纹的添加、页面设置等操作。

打开实验素材"实验二"中的"中国梦我的梦.docx"文档，按要求完成操作。

1. 字符格式的设置

要求：设置标题为华文楷体、一号、加粗，文本效果和版式为第 1 行第 1 列的效果（填充：黑色、文本色 1，阴影），居中显示；字符间距加宽 5 磅；将“国”和“的”两个字的位置提升 10 磅，“梦”和“我”两个字的位置提升 20 磅；正文字体大小设置为小四号。

操作过程：

（1）选中标题文本“中国梦我的梦”，首先单击“开始”选项卡“字体”组中的“字体”和“字号”按钮，将标题设置为华文楷体、一号，再单击“加粗”按钮，然后选择“文本效果和版式”按钮，在下拉菜单中选择第 1 行第 1 列的效果，如图 3-17 所示，最后单击“段落”组中的“居中”按钮。

开始
插入
设计
布局
引用
邮件
审阅
视图
帮助
操作说明搜
剪切
复制
格式刷
剪贴板
五号
填充: 黑色, 文本色 1; 阴影
轮廓(O)
阴影(S)
映像(R)
发光(G)
编号样式(N)
连字(L)
样式集(T)

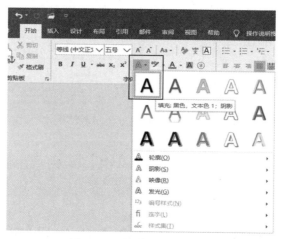

图 3-17　文本效果和版式

（2）单击“字体”组右下角的“字体”对话框启动器按钮，打开“字体”对话框，选择“高级”选项卡，设置“间距”为“加宽”，“磅值”为“5 磅”，如图 3-18 所示，单击“确定”按钮。按住 Ctrl 键，再选择“国”和“的”两个字，将图 3-18 中的“位置”设置“上升”，10 磅。用同样的方法，将“梦”和“我”设置为“上升”，20 磅，效果如图 3-19 所示。

字体
字体(N)
高级(V)
字符间距
缩放(C): 100%
间距(S): 加宽
磅值(B): 5 磅
位置(P): 标准
磅值(Y):
为字体调整字间距(K): 1
磅或更大(O)
如果定义了文档网格，则对齐到网格(W)
OpenType 功能
连字(L): 无
数字间距(M): 默认
数字形式(F): 默认
样式集(T): 默认
使用上下文替换(A)
预览
中国梦我的梦
此字体样式限于显示，打印时将采用最相近的匹配样式。
设为默认值(D)
文字效果(E)...
确定
取消

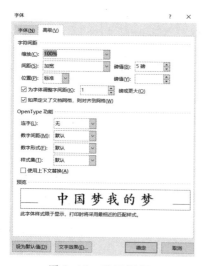

图 3-18　设置间距

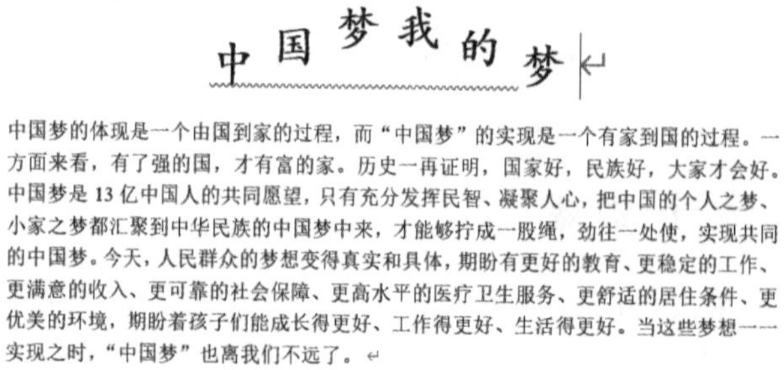

中国梦我的梦
中国梦的体现是一个由国到家的过程，而“中国梦”的实现是一个有家到国的过程。一方面来看，有了强的国，才有富的家。历史一再证明，国家好，民族好，大家才会好。中国梦是 13 亿中国人的共同愿望，只有充分发挥民智、凝聚人心，把中国的个人之梦、小家之梦都汇聚到中华民族的中国梦中来，才能够拧成一股绳，劲往一处使，实现共同的中国梦。今天，人民群众的梦想变得真实和具体，期盼有更好的教育、更稳定的工作、更满意的收入、更可靠的社会保障、更高水平的医疗卫生服务、更舒适的居住条件、更优美的环境，期盼着孩子们能成长得更好、工作得更好、生活得更好。当这些梦想一一实现之时，“中国梦”也离我们不远了。

图 3-19　标题效果

（3）选择除标题外的正文，将字体大小设置为小四号。

2. 段落格式的设置

要求：将正文所有段落的段前间距设置为 0.5 行，首行缩进 2 字符，行间距设置为 19 磅。

操作过程：

选中除标题外的正文，单击"开始"选项卡"段落"组右下角的"段落"对话框启动器按钮，打开图 3-20 所示的"段落"对话框，在"缩进和间距"选项卡"缩进"组中的"特殊"格式中选择"首行"，"缩进值"选择"2 字符"；在"间距"组中设置"段前"为"0.5 行"，"行距"组中选择"固定值"，"设置值"为"19 磅"，如图 3-20 所示，然后单击"确定"按钮。

3. 首字下沉的设置

要求：将正文第一段设置首字下沉 2 行。

操作过程：

将光标定位在正文第一段中，单击"插入"选项卡"文本"组中的"首字下沉"下拉按钮，在下拉菜单中单击"首字下沉选项"，在弹出的"首字下沉"对话框中选择"下沉"，将"下沉行数"设置为"2"，如图 3-21 所示，单击"确定"按钮，效果如图 3-22 所示。

图 3-20 "段落"对话框

图 3-21 "首字下沉"对话框

中国梦我的梦

中国梦的体现是一个由国到家的过程，而"中国梦"的实现是一个有家到国的过程。一方面来看，有了强的国，才有富的家。历史一再证明，国家好，民族好，大家才会好。中国梦是 13 亿中国人的共同愿望，只有充分发挥民智、凝聚人心，把中国的个人之梦、小家之梦都汇聚到中华民族的中国梦中来，才能够拧成一股绳，劲往一处使，实现共同的中国梦。今天，人民群众的梦想变得真实和具体，期盼有更好的教育、更稳定的工作、更满意的收入、更可靠的社会保障、更高水平的医疗卫生服务、更舒适的居住条件、更优美的环境，期盼着孩子们能成长得更好、工作得更好、生活得更好。当这些梦想一一实现之时，"中国梦"也离我们不远了。

图 3-22 首字下沉效果

4. 项目符号的设置

要求：给正文第二段和第三段添加项目符号"◆"，字体为红色，14 号（项目符号的大小和颜色）。

操作过程：

选择第二段和第三段文本，单击"开始"选项卡"段落"组中的"项目符号"下拉按钮，在出现的下拉菜单中的"项目符号库"中选择符号"◆"，然后在"项目符号"下拉菜单中选择"定义新项目符号"选项，在弹出的"定义新项目符号"对话框中选择"字体"，如图 3-23 所示，在打开的"字体"对话框中设置"字号"为"14"，"字体颜色"为"红色"，单击"确定"按钮，效果如图 3-24 所示。

图 3-23 "定义新项目符号"对话框

更好。当这些梦想一一实现之时,"中国梦"也离我们不远了。

◆ 中国梦是家国梦。每个中国人的梦想都与国家民族的梦想联系在一起。"国之梦"联系着千千万万的"家之梦"。在全面建设小康社会、实现中华民族伟大复兴的今天,实现个人梦想与实现国家梦想相互交融,对每个中国人而言,民族复兴的"中国梦"由 13 亿中国人的个体梦想汇聚、升华而成,蕴含着 13 亿中国人改变自身命运的希望,凝聚着 13 亿中国人对美好生活的向往;对国家而言,每个人梦想的生长,都必须深深植根于"中国梦"的土壤,在实现"中国梦"的过程中,每个中国人才有做梦的基础和圆梦的希望。

◆ 实现中国梦要靠 13 亿中国人的不懈奋斗。梦想与现实之间,是一条漫长的奋斗征程。在实现梦想的路上,是 13 亿中国人不懈追梦的身影。空谈误国,实干兴邦。每一个具体而真实的中国梦的实现,最终都要靠 13 亿中国人脚踏实地干出来。只有在不断的努力中,才抵达梦想的新高度;离开奋斗和创造,梦想永远只能是遥不可及的"空中楼阁"。梦在前方,路在脚下。要实现"中国梦",每个人必须从我做起,从现在做起,少空谈、少抱怨,重实干、重奋斗,为中国梦的实现贡献自己的一份力量。

图 3-24 添加项目符号后的效果

5.边框和底纹的设置

要求:给正文第二段添加"紫色,个性色 4,深色 25%,0.5 磅"的阴影段落边框和"水绿色,个性色 5,淡色 60%"的段落底纹;给正文第三段添加"水绿色,个性色 5,淡色 60%"的填充色及"样式:5%,颜色:红色"的文字底纹。

操作过程:

(1)在正文第二段的选定栏处双击,选中第二段,单击"开始"选项卡"段落"组中的"边框"下拉按钮,在出现的下拉菜单中单击"边框和底纹",弹出"边框和底纹"对话框,按要求设置边框,如图 3-25 所示。

(2)选择"底纹"选项卡,按要求设置底纹,效果如图 3-26 所示。

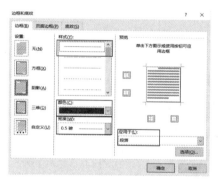

图 3-25 "边框和底纹"对话框

◆ 中国梦是家国梦。每个中国人的梦想都与国家民族的梦想联系在一起。"国之梦"联系着千千万万的"家之梦"。在全面建设小康社会、实现中华民族伟大复兴的今天,实现个人梦想与实现国家梦想相互交融。对每个中国人而言,民族复兴的"中国梦"由 13 亿中国人的个体梦想汇聚、升华而成,蕴含着 13 亿中国人改变自身命运的希望,凝聚着 13 亿中国人对美好生活的向往;对国家而言,每个人梦想的生长,都必须深深植根于"中国梦"的土壤,在实现"中国梦"的过程中,每个中国人才有做梦的基础和圆梦的希望。

图 3-26 添加边框和底纹的效果

(3)选择正文第三段,在"边框和底纹"对话框中选择"底纹"选项卡,按要求设置文字底纹,如图 3-27 所示,效果如图 3-28 所示。

图 3-27 "底纹"选项卡

◆ 实现中国梦要靠 13 亿中国人的不懈奋斗。梦想与现实之间,是一条漫长的奋斗征程。在实现梦想的路上,是 13 亿中国人不懈追梦的身影。空谈误国,实干兴邦。每一个具体而真实的中国梦的实现,最终都要靠 13 亿中国人脚踏实地干出来。只有在不断的努力中,才能抵达梦想的新高度;离开奋斗和创造,梦想永远只能是遥不可及的"空中楼阁"。梦在前方,路在脚下。要实现"中国梦",每个人必须从我做起,从现在做起,少空谈、少抱怨,重实干、重奋斗,为中国梦的实现贡献自己的一份力量。

图 3-28 添加底纹的效果

6. 分栏的设置

要求：将正文中的第四段分为三栏，并设置第一栏栏宽为 10 字符，有分隔线。

操作过程：

选择正文第四段文本，单击"布局"选项卡"页面设置"组中的"栏"下拉按钮，在下拉菜单中单击"更多分栏"命令，打开"栏"对话框，将"栏数"选择"三栏"，取消"栏宽相等"选项的选择，设置第一栏宽度为"10 字符"，并勾选"分隔线"，如图 3-29 所示，单击"确定"按钮，效果如图 3-30 所示。

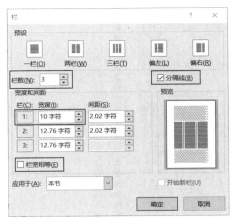

图 3-29　"栏"对话框　　　　　图 3-30　分栏的效果

7. 页面设置

要求：设置页面纸张大小为 A4，上、下页边距为 3.5 厘米，左、右页边距为 3 厘米，纸张方向为纵向。

操作过程：

单击"布局"选项卡"页面设置"组右下角的"页面设置"对话框启动器按钮，打开"页面设置"对话框，在"纸张"选项卡的"纸张大小"下拉列表框中选择"A4"；在"页边距"选项卡中，将上、下页边距设置为"3.5 厘米"，左、右页边距设置为"3 厘米"，纸张方向选择"纵向"，单击"确定"按钮。

8. 页面边框设置

要求：给文档添加一宽度为 20 磅的艺术边框。

操作过程：

单击"开始"选项卡"段落"组中的"边框"下拉按钮，在出现的下拉菜单中选择"边框和底纹"，在弹出的"边框和底纹"对话框中选择"页面边框"选项卡，在"艺术型"中选择合适的边框，并将"宽度"设置为"20 磅"，如图 3-31 所示。

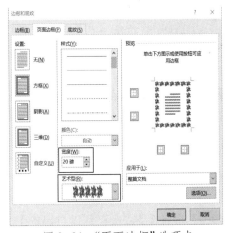

9. 最终效果

最终效果如图 3-32 所示。

图 3-31　"页面边框"选项卡

图 3-32　最终效果

扫一扫

打开实验素材"传递爱心.docx",进行以下操作:

(1)设置标题"传递爱心"的字体为黑体,字号为一号,颜色为蓝色,加粗并加着重号,字符间距为加宽 3 磅,居中对齐。

(2)将所有正文的字体设置为宋体,字号为小四号,颜色为黑色,行距为 1.5 倍行距。

(3)将所有正文设置为左对齐,首行缩进 2 字符。

(4)为正文第一段添加一个段落边框,设置为阴影,颜色为红色,线型为双线,宽度为 0.75 磅。

(5)将正文第三段的行间距设置为固定值 19 磅,并添加一个段落底纹,设置填充为橙色,图案样式为 15%,颜色自动。

(6)利用格式刷,将正文第五段的文字格式设置为与正文第三段格式相同。

(7)为页面添加一个 18 磅的艺术边框。

(8)在所给文字的最后一段的下面双击并输入三门你喜欢的课程名称,将字体设置为宋体、五号,行间距设置为固定值 16 磅,并为其添加项目符号。

(9)在桌面上新建一个以自己的名字命名的文件夹,并将该作业以"自己的班级+姓名+学号"进行命名,保存到以自己的名字命名的文件夹中。

该任务实施的效果如图 3-33 所示。

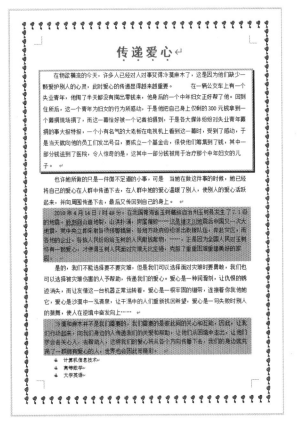

图 3-33　任务实施的效果

任务三　表格制作

任务描述

　　小张看到中国队在奥运会中取得了优异成绩,便想将奖牌榜做成一个精美的表格放到 word 文档中,并想利用公式函数求出每个国家的总分(总分=金牌+银牌+铜牌数),以方便查看。

任务目的

　　(1)掌握表格的创建、编辑和格式化的方法。
　　(2)能熟练使用 Word 表格的计算功能。
　　(3)掌握表格的排版技巧。

技能储备

制作在职研究生入学信息表和工资表。

1. 绘制一个 15 行 7 列的空表格

要求：绘制一个 15 行 7 列的表格。

操作过程：

（1）新建一个空白文档。

（2）单击"插入"选项卡"表格"组中的"表格"按钮，从其下拉菜单中选择"插入表格（I）…"命令，如图 3-34 所示，弹出图 3-35 所示的"插入表格"对话框。

图 3-34 "表格"下拉菜单

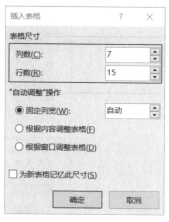

图 3-35 "插入表格"对话框

（3）在"插入表格"对话框中，将"列数"设置为"7"，"行数"设置为"15"，单击"确定"按钮，即出现一个 15 行 7 列的表格。

2. 为表格添加标题，在表格中输入内容并居中

要求：添加标题，输入内容，设置居中对齐。

操作过程：

（1）将光标定位在表格的第一个单元格中，按 Enter 键，即可在表格前面插入一空行，输入并选择"在职研究生入学信息"，将文本字体大小设置为二号，并将对齐方式设置为居中。

（2）依次在单元格中输入相应的内容，然后选择整个表格（可以单击表格左上角的"全选"按钮），切换到"表格工具／布局"选项卡，单击"对齐方式"组中的"水平居中"按钮，如图 3-36 所示，效果如图 3-37 所示。

图 3-36 "对齐方式"组

在职研究生入学信息

姓名		性别		出生年月		照片
民族		政治面貌		籍贯		
报考专业		毕业学校				
入学考试成绩						
外语	数学	语言表达	逻辑推理	总分	百分比	复试
个人履历						
时间		单位		工作(学习)经历		
联系方式						
通讯地址			邮编			
E-mail			联系电话			
本人简历						

图 3-37 数据输入效果

3. 合并单元格和插入行

要求：合并相应的单元格，并在表格最下面增加一行。

操作过程：

（1）按照图 3-38 所示，在表中选择相应的单元格进行合并。例如，选择 G1、G2、G3 三个单元格（照片和照片下面两个单元格），切换到"表格工具／布局"选项卡，单击"合并"组中的"合并单元格"按钮（或者右击，在弹出的快捷菜单中选择"合并单元格"），如图 3-39 所示。用同样的方法，合并图 3-38 中其余需要合并的单元格。

在职研究生入学信息

姓名		性别		出生年月		
民族		政治面貌		籍贯		照片
报考专业		毕业学校				
入学考试成绩						
外语	数学	语言表达	逻辑推理	总分	百分比	复试
个人履历						
时间		单位		工作（学习）经历		
联系方式						
通讯地址		邮编				
E-mail		联系电话				
本人简历						

图 3-38　最终效果

图 3-39　"合并单元格"按钮

（2）把插入点定位在"本人简历"单元格所在行的后面，按 Enter 键，即可在表格的最下面插入一空行，如图 3-38 所示。

4. 设置边框与底纹

要求：为表格设置双线型外边框，并按照图 3-44 所示添加底纹。

操作过程：

（1）选择表格后，切换到"表格工具／设计"选项卡，单击"边框"组中的"边框"下拉按钮，在出现的下拉菜单中选择"边框和底纹"命令，打开"边框和底纹"对话框。

（2）在"边框"选项卡的"设置"区中选择"虚框"，"样式"中选择"双实线"，"颜色"中选择"自动"，"宽度"中选择"0.75 磅"，"应用于"下拉列表框中选择"表格"，如图 3-40 所示，单击"确定"按钮。

（3）在表格中选择需要添加底纹的单元格（按住 Ctrl 键，可实现不连续选择多个单元格），然后切换到"表格工具／设计"选项卡，单击"表格样式"组中的"底纹"下拉按钮，在出现的下拉菜单中选择"白色，背景 1，深色 35％"，如图 3-41 所示。

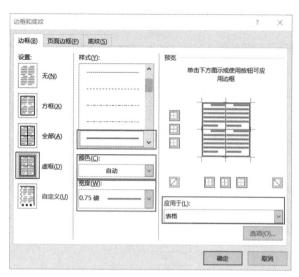

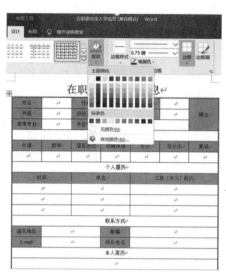

图 3-40　表格设置边框　　　　　　　　　图 3-41　"底纹"下拉菜单

5. 为表格设置行高和列宽

要求：将表格最后一行的行高设置为 5 厘米，其他行行高设置为 0.75 厘米，列宽设置为 2.2 厘米。

操作过程：

（1）选择第 16 行（最后一行），然后切换到"表格工具 / 布局"选项卡，单击"表"组中的"属性"按钮，或者右击，在弹出的快捷菜单中选择"表格属性"命令，打开"表格属性"对话框，在"行"选项卡中选中"指定高度"复选框，并在后面的框中输入行高值"5 厘米"，如图 3-42 所示，单击"确定"按钮。

（2）用同样的方法，设置其他行行高为 0.75 厘米。

（3）选择整个表格，在"表格属性"对话框中选择"列"选项卡，勾选"指定宽度"，并在后面的框中输入"2.2 厘米"，如图 3-43 所示，单击"确定"按钮。

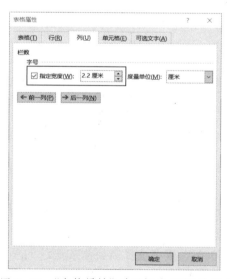

图 3-42　"表格属性"对话框的"行"选项卡　　　图 3-43　"表格属性"对话框的"列"选项卡

（4）最终效果如图 3-44 所示。

在职研究生入学信息

姓名		性别		出生年月		
民族		政治面貌		籍贯		照片
报考专业		毕业学校				
入学考试成绩						
外语	数学	语言表达	逻辑推理	总分	百分比	复试
个人履历						
时间		单位		工作（学习）经历		
联系方式						
通讯地址			邮编			
E-mail			联系电话			
本人简历						

图 3-44　最终效果

6. 绘制斜线表头和设置跨页表格的标题

要求：建立一个图 3-45 所示的工资表，练习设置跨页标题。

操作过程：

（1）新建一个 5 行 6 列的表格，并设置表格的外边框为外粗里细型。

（2）将插入点定位在要绘制斜线表头的第一个单元格中，然后切换到"表格工具／设计"选项卡，在"边框"组中单击"边框"下拉按钮，在出现的下拉菜单中选择"斜下框线"，即可完成斜线表头的绘制。

（3）斜线表头绘制好后，接下来就是文字的添加。在斜线上方输入"工资项目"，并设置为右对齐，按 Enter 键后，在斜线下方输入"姓名"，并设置为左对齐，然后依次添加其他单元格中的内容，并设置为水平居中对齐，效果如图 3-45 所示。

工资项目 姓名	基础工资	职务工资	津贴	出差补助	总工资
王美丽	530	250	480	100	
刘明亮	620	300	520	100	
张深海	560	260	500	100	
合计					

图 3-45　工资表效果

（4）如果表格跨页，要设置跨页表格的标题。将鼠标定位在设置好的标题行（或选定标题行），然后切换到"表格工具／布局"选项卡，在"数据"组中单击"重复标题行"按钮，则表格其他所有页的首行都自动添加了与第一页相同的标题。

7. 使用 Word 表格的计算功能

要求：分别求出每个员工的总工资、每项工资的合计值及总工资的合计值。

操作过程：

（1）单击要存放计算结果的 F2 单元格，然后切换到"表格工具／布局"选项卡，在"数据"组中单击"公式"按钮，打开图 3-46 所示的"公式"对话框。

（2）在"公式"文本框中输入"=SUM(LEFT)"或"=B2+C2+D2+E2"或"=SUM(B2:E2)，也可以在"粘贴函数"下拉列表框中选择"SUM"函数，快速将其粘贴到"公式"文本框中。在"编号格式"组合框中，选择公式计算结果在表格中的格式。

（3）单击"确定"按钮，即可得出 F2 单元格的值。用同样的方法，可以计算出其余员工的总工资。

（4）单击要计算结果的 B5 单元格，计算"基础工资"的合计值。在"公式"文本框中输入"=SUM(ABOVE)"或"=B2+B3+B4"或"=SUM(B2:B4)"，用同样的方法求出其他工资项目的合计值及总工资的合计值。

（5）最终效果如图 3-47 所示。

图 3-46 "公式"对话框

工资项目\姓名	基础工资	职务工资	津贴	出差补助	总工资
王美丽	530	250	480	100	1360
刘明亮	620	300	520	100	1540
张深海	560	260	500	100	1420
合计	1710	810	1500	300	4320

图 3-47 工资表计算结果

任 务 实 施

（1）新建一个 6 行 7 列的表格，然后对应输入文字内容，如图 3-48 所示。

扫一扫

排名	国家奥委会	金牌	银牌	铜牌	奖牌总数
1	美国	39	41	33	
2	中国	38	32	18	
3	日本	27	14	17	
4	英国	22	21	22	
5	ROC	20	28	23	

图 3-48 表格内容

（2）在 B2:B6 单元格中分别插入相应的国旗图片，并将图片大小设置为高 0.5 厘米，宽 0.8 厘米。

（3）将第二列列宽设置为 1.2 厘米，其余列列宽设置为 2.3 厘米，合并 B1 和 C1 单元格，第一行行高设置为 1.1 厘米，其余行行高设置为 0.65 厘米。

（4）将第一行的底纹设置为 RGB：152.25.69，将第一行文字设置为"小四号"大小，字体颜色设置"白色，背景 1"，并将表格中所有内容设置为"中部两端对齐"。

（5）将第一列设置为水平居中对齐。

（6）将第二行、第四行与第六行底纹填充为：白色，背景 1，深色 5%。

（7）将表格的内部设置为无边框线，外部边框线设置为"白色，背景 1，深色 5%"。

（8）利用公式求出每个国家的奖牌总数。

（9）将表格文件以"自己的名字＋奥运奖牌表"保存到桌面上。

任务四 图文混排

任务描述

　　小张的朋友小李在一所学校的办公室工作，他想做一期教学简报，而小李对于在 Word 2016 文档中如何插入图片、艺术字等对象及其编辑处理操作不太熟悉，想让小张帮忙排版，做一篇图文并茂的文档。

任务目的

（1）掌握艺术字的编辑、图片的插入、图文混排等操作。

（2）掌握嵌入式图片和浮动式图片的区别。

（3）掌握图形与文字环绕的设置方法。

（4）掌握插入文本框和公式等的方法。

（5）掌握 SmartArt 图形的使用方法。

技能储备

根据提供的实验素材，完成图文混排操作。

打开实验素材"心若阳光，必生温暖.docx"文档。

1. 插入艺术字

要求：将标题设置为"填充色：橄榄色（不同场合打开，颜色可能不同），主题色 3；锋利棱台"样式的艺术字，并设置字体为"隶书"，字号为"初号"，文字环绕方式为"上下型"，且水平居中对齐，艺术字文本填充为"橙色"。

操作过程：

（1）选定文档的标题行文字"心若阳光，必生温暖"，单击"插入"选项卡"文本"组中的"艺术字"按钮，弹出图 3-49 所示的下拉菜单，从中选择"填充色：橄榄色（不同场合打开，颜色可能不同），主题色 3；锋利棱台"（第 2 行第 5 列）。

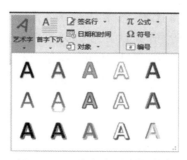

图 3-49 "艺术字"下拉菜单

（2）切换到"开始"选项卡，在"字体"组中设置字体为"隶书"，字号为"初号"。右击艺术字的边框，在快捷菜单中选择"其他布局选项"命令，在打开的"布局"对话框中选择"文字环绕"选项卡，在"环绕方式"组中选择"上下型"，如图 3-50 所示，在"位置"选项卡中选择"水平"组中的"对齐方式"为"居中"，如图 3-51 所示，单击"确定"按钮。

图 3-50 "布局"对话框中的"文字环境"选项卡

图 3-51 "布局"对话框中的"位置"选项卡

（3）单击艺术字边框，然后单击"绘图工具 / 格式"选项卡"艺术字样式"组中的"文本填充"按钮，在图 3-52 所示的下拉菜单中选择"标准色"中的"橙色"，效果如图 3-53 所示。

图 3-52 "文本填充"下拉菜单

心若阳光，必生温暖

携一缕温婉，美丽人生；搁一份真诚，纯善于心。

人，活的就是一种心情！纵然人生如戏，从来也都来不及彩排，但戏中导演，却是我们自己！剧情或悲或喜，其实都是取决于我们自己的内心，给这场如戏人生赋予怎样的灵魂。

心若向阳，必生温暖；心若哀凄，必生悲凉！然，向阳也好，哀凄也罢，人这一生，又有谁可以让心境始终保持一种状态而不变呢？只要懂得适当调整或者适时转角，就是好的！无论对人还是对事，都不要想得太多，简单一点，淡然一点，生活便不会那么累！

图 3-53　艺术字效果

2. 插入联机图片

要求：插入图片，并设置图片大小、环绕方式、对齐方式和图片效果。

操作过程：

（1）将光标定位在第三段末尾，单击"插入"选项卡"插图"组中的"联机图片"按钮，打开图 3-54 所示的"插入图片"对话框。在"必应图像搜索"文本框内输入"向日葵"，然后按 Enter 键（该方法要在有网络的情况下使用），打开图 3-55 所示的"联机图片"对话框，从中选择一张合适的图片，最后单击右下角的"插入"按钮，即可将图片插入文档。

图 3-54　"插入图片"对话框　　　　　图 3-55　"联机图片"对话框

（2）选择插入文档的图片，单击"图片工具 / 格式"选项卡"大小"组右下角的"高级版式：大小"按钮，如图 3-56 所示，弹出"布局"对话框，在"大小"选项卡中先取消"锁定纵横比"的选择，然后设置"高度"为"5.25 厘米"，"宽度"为"6.95 厘米"，如图 3-57 所示，再选择"文字环绕"选项卡，设置图片的环绕方式为"四周型"，最后在"位置"选项卡中设置"水平对齐"方式为"居中"，单击"确定"按钮。

（3）选择图片，单击"图片工具 / 格式"选项卡"图片样式"组中的"图片效果"按钮，在其下拉菜单中选择"棱台"，然后在出现的级联菜单中选择"棱台"组中的"角度"，如图 3-58 所示。

（4）最终图片设置如图 3-59 所示。

图 3-56 "高级版式:大小"按钮

图 3-57 "布局"对话框

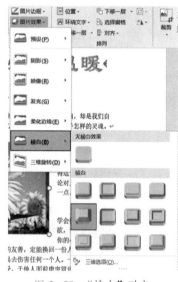

图 3-58 "棱台"列表

图 3-59 图片设置效果

3. 插入文本框

要求:插入一内置文本框,输入相应内容,设置合适的字体和大小,并设置文本框的大小和环绕方式。

操作过程:

(1)将插入点定位在正文第一段的前面,单击"插入"选项卡"文本"组中的"文本框"按钮,在出现的下拉菜单中选择"奥斯汀引言",然后输入"人生难免经历挫折和悲伤,再痛再苦也不要放在心上。风雨过后才会有彩虹和阳光,雨过天晴终究会晴朗。"。

(2)单击文本框边框,在"开始"选项卡的"字体"组中设置字体为"隶书",字号为"小四号",然后切换到"绘图工具/格式"选项卡,在"大小"组中设置文本框的高为2.6厘米、宽为11厘米,并在"排列"组中单击"环绕文字"下拉按钮,在其下拉菜单中设置环绕方式为"四周型",并适当调整文本框的位置。

(3)添加"奥斯汀引言"文本框的效果如图3-60所示。

心若阳光，必生温暖

人生难免经历挫折和悲伤，再痛再苦也不要放在心上。风雨过后才会有彩虹和阳光，雨过天晴终会晴朗。

携一缕温婉，笑丽人生；撷一份真诚，纯善于心。

从来也都来不及彩是我们自己！剧情或决于我们自己的内赋予怎样的灵魂。

人，活着就是一种心情！纵然人生如戏，排，但戏中导演，却悲或喜，其实都是取心，给这场如戏人生

心若向阳，必生温悲凉！然，向阳也一生，又有谁可以让态而不变呢？只要懂转角，就是好的！无不要想得太多，简单一点，淡然一点，生活便不会那么累！

暖；心若哀凄，必生好，哀凄也罢，人这心境始终保持一种状得适当调整或者适时论对人还是对事，都

图 3-60　添加"奥斯汀引言"文本框效果

4. 插入 SmartArt 图形

要求：插入一个"蛇形图片题注列表"的 SmartArt 图形，输入相应内容，插入图片，并设置 SmartArt 图形样式为"白色边框"，调整外边框大小。

操作过程：

（1）将光标定位在正文第五段的后面，单击"插入"选项卡"插图"组中的"SmartArt"按钮，弹出图 3-61 所示的"选择 SmartArt 图形"对话框，在左侧选择"图片"，然后选择"蛇形图片题注列表"，单击"确定"按钮，则在文档中插入一个 SmartArt 图形框，如图 3-62 所示。

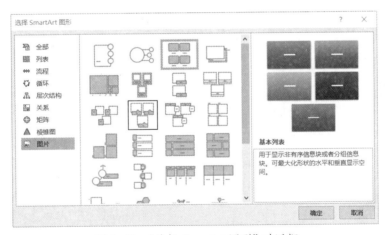

图 3-61　"选择 SmarArt 图形"对话框

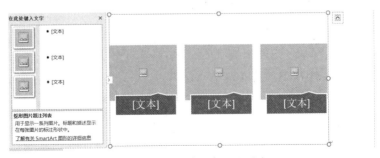

图 3-62　蛇形图片题注列表

（2）单击图 3-62 中的图片标记，打开"插入图片"对话框，然后单击"从文件"后面的"浏览"按钮，如图 3-63 所示，找到要插入的图片，分别插入图片"希望""两小无猜""天使"。单击"文本"处，分别输入"希望""两小无猜""天使"，效果如图 3-64 所示。

图 3-63   "插入图片"对话框

图 3-64   插入图片和输入文字效果

（3）选择图形，单击"SmartArt 工具 / 设计"选项卡"SmartArt 样式"组中的"更改颜色"按钮，在其下拉菜单中选择"彩色"中的"彩色-个性色"，再选择"SmartArt 样式"→"文档的最佳匹配对象"中的"白色轮廓"，并通过拖动外边框来适当调整图形的外边框大小，效果如图 3-65 所示。

图 3-65   SmartArt 样式设置效果

5.图片水印处理

要求：插入图片水印，并设置水印效果。

操作过程：

（1）将光标定位在文档末尾，单击"设计"选项卡"页面背景"组中的"水印"按钮，在其下拉菜单中选择"自定义水印"命令，弹出图 3-66 所示的"水印"对话框，选择"图片水印"选项，单击"选择图片"，弹出"插入图片"对话框，找到要插入的图片"阳光 2"，然后单击"插入"按钮，则自动返回"水印"对话框，勾选"冲蚀"选项，并设置"缩放"为"400%"，如图 3-66 所示，单击"确定"按钮。

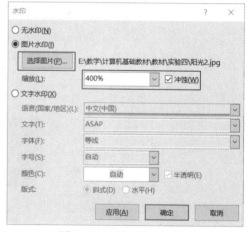

图 3-66   "水印"对话框

6. 绘制图形

要求：在文档的左下角绘制一心形图形，并设置一定的格式，输入文字"心若阳光，必生温暖"。

操作过程：

（1）将插入点定位在文档的最后，在"插入"选项卡的"插图"组中单击"形状"按钮，在出现的下拉菜单中选择"基本形状"中的"心形"，此时鼠标指针变成"+"形状，按住鼠标左键拖动到合适的大小即可。

（2）选择所绘制的心形图形，在"绘图工具／格式"选项卡的"形状样式"组中，设置"形状填充"为"红色"，"形状轮廓"为"无轮廓"。在"形状效果"下拉菜单中，选择"映像"→"映像变体"中的"半映像，接触"，然后选择"棱台"中的"柔圆"，再选择"三维旋转"中"平行"组中的"离轴 2：上"。

（3）右击图形，在弹出的快捷菜单中选择"添加文字"，输入"心若阳光，必生温暖"，并设置字体为"华文行楷"，字号为"小初"，然后适当调整图形大小，使其放在左下角，最终效果如图 3-67 所示。

图 3-67　最终效果

扫一扫

任务实施

根据实验素材"文章素材.docx"提供的文章，按照图 3-68 进行图文混排。

（1）新建一空白文档，将页边距的上、下、左、右都设置为 1.5 厘米，纸张大小为 A4。

（2）设置页面的上部。

① 校徽设置：插入图片"校徽"，并修改文字环绕方式为"浮于文字上方"，图片大小设置高为 2.27 厘米、宽为 9.86 厘米，并适当调整图片位置，如图 3-68 所示。

图 3-68　教学工作简报

② 标题设置：插入艺术字标题"教学工作简报"，并设置艺术字样式中的"文本填充"颜色为"红色"，"文本轮廓"颜色为"红色"，字体为"方正粗黑宋简体"，大小为"50磅"，居中显示。在"教学工作简报"下方插入一横排文本框，并设置文本框的"形状填充"为"无填充"，"形状轮廓"为"无轮廓"，在文本框中输入"山东外事职业大学教务处主办网址：http：//www. wsfy. edu. cn"，并适当调整文本框的大小和位置，效果如图 3-68 所示。

③ 在页面右上角插入一个圆角矩形，设置"形状填充"颜色为"蓝色，个性色 1，淡色 40％"，文本框大小设置高为 2.21 厘米、宽为 4.01 厘米，并输入相应内容"2019 年 11 月—12 月总第 24 期"，效果如图 3-68 所示。

（3）设置第一篇文稿。

① 将"文章素材.docx"中的两篇文章复制、粘贴到新建文档中，并选择第一篇文章的标题，设置字体为"华文细黑"，大小为"20磅"，红色，加粗，居中显示。

② 将正文部分分成两栏，在第三段的第三行后面插入一个分栏符（在"布局"选项卡"页面设置"组中的"分隔符"中），在第二栏的开头插入图片"会议"，并将其"图片样式"设置为"柔化边缘椭圆"，效果如图 3-68 所示。

（4）设置第二篇文稿。

① 将标题字体设置为"华文细黑"，大小为"小二号"，加粗，红色，居中显示，并将第一行标题的段前距设置为 0.3 行。

② 将正文分为三栏，并在正文前面插入图片"获奖"。在第二篇文稿的最后插入一个"圆点型"的横排文本框，并设置合适的填充颜色和大小，适当调整位置，并输入"主编：（自己的姓名），责任编辑：（偶像的姓名）"，效果如图 3-68 所示。

（5）设置边框。

① 给页面插入一个矩形框,设置其形状填充为"无填充",形状轮廓颜色为"黑色",粗细为"1.5 磅"。

② 在两篇文稿的中间插入一条直线,颜色为"黑色",粗细为"1.5 磅"。

任务五　页面设置与目录

任务描述

小张在某单位上班,因职称晋升需要考取一份计算机等级证书,所以小张开始搜集并学习全国计算机等级考试的相关知识,小张找了份关于 Word 2016 的操作题来练习。

任务目的

（1）掌握页面设置的方法。

（2）掌握分节符与分页符的使用方法。

（3）掌握 Word 目录的生成方法。

（4）掌握页眉和页脚的设置方法。

（5）掌握样式的使用方法。

（6）掌握文档的基本打印设置方法。

技能储备

根据提供的实验素材,完成相关操作。

打开实验素材"毕业设计.docx"。

1. 页面设置

要求:将上页边距设置为"2.5 厘米",下、左、右页边距均设置为"3 厘米"。

操作过程:

单击"布局"选项卡"页面设置"组中的"页边距"按钮,在其下拉菜单中选择最下面的"自定义页边距"命令,在打开的"页面设置"对话框中选择"页边距"选项卡,分别将页边距的"上"设为"2.5 厘米","下""左""右"设为"3 厘米",并在"应用于"选项中选择"整篇文档",如图 3-69 所示。

2. 设置样式

要求:将章标题设置为"标题 1"样式,节标题设置为

图 3-69　"页面设置"对话框

"标题2"样式,节的下一级标题设置为"标题3"样式。

操作过程:

(1)按住 Ctrl 键拖动选择每一章的章标题及后面的"结论""参考文献""附录""致谢"(红色字体内容),然后切换到"开始"选项卡,单击"样式"组中的"标题1",即可把所选内容设置成该样式。

(2)使用"格式刷"复制格式。选择一个节标题(蓝色字体内容),单击"标题2",然后双击"剪贴板"组中的"格式刷"按钮,在需要设置为"标题2"样式的节标题上拖动鼠标左键。设置好所有节标题后,再次单击"格式刷",即可取消格式刷的使用。

(3)使用"查找/替换"的方法。打开"查找和替换"对话框,在"替换"选项卡中单击"查找内容"组合框,再单击"更多"按钮,然后单击"格式"中的"字体",将字体颜色设置为"紫色";单击"替换为"组合框,再单击"格式"中的"样式"命令,选择"标题3"样式,如图3-70所示,然后单击"全部替换"按钮,即可把所有的字体颜色为紫色的内容都替换为"标题3"样式。思考:如何把文档中的红色和蓝色及紫色文本都改成黑色。

图 3-70 "查找与替换"对话框

3.设置分节符

要求:将每一章都设置为单独一小节。

操作过程:

(1)光标定位在第一章的最后,然后切换到"布局"选项卡,单击"页面设置"组中的"分隔符"按钮,弹出图3-71所示的下拉菜单,选择"分节符"组中的"下一页"命令,即可在该位置添加一个"下一页"分节符,如图3-72所示。单击"开始"选项卡"段落"组中的"显示/隐藏编辑标记"按钮(或按 Ctrl+* 快捷键),可以看到插入的分节符,如图3-72所示。

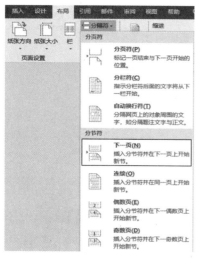

图 3-71 "分节符"下拉菜单

图 3-72 添加"分节符"

（2）用同样的方法，在第二章、第三章、结论、参考文献以及附录的后面都插入"下一页"分节符。

4.设置页眉和页脚

要求：为第一章后面的所有奇数页设置页眉，内容为文档所在页的章标题；偶数页页眉内容为所在页的节标题。

操作过程：

（1）光标定位在第一章文档处，在"插入"选项卡的"页眉和页脚"组中单击"页眉"按钮，在其下拉菜单中选择"编辑页眉"命令，进入"页眉和页脚"编辑视图，切换到"页眉和页脚工具／设计"选项卡，勾选"选项"组中的"奇偶页不同"选项。

（2）将光标切换到奇数页页脚处，切换到"页眉和页脚工具／设计"选项卡，在页眉和页脚组中单击"页码"按钮，在出现的下拉菜单中选择"页面底端"，在其级联菜单中选择"普通数字 2"，即可在奇数页插入相应的页码。用同样的方法，为偶数页插入页码。若后面的页码出现不连续的情况，可以单击"页眉和页脚工具／设计"选项卡"页眉和页脚"组中的"页码"按钮，在其下拉菜单中选择"设置页码格式"命令，打开"页码格式"对话框，选择"续前节"，如图 3-73 所示，单击"确定"按钮。

（3）插入 StyleRef 域。将光标定位在奇数页页眉处，在"插入"选项卡的"文本"组中单击"文档部件"按钮，在出现的下拉菜单中选择"域"命令。也可以在"页眉和页脚工具／设计"选项卡的"插入"组中选择"文档部件"，在弹出的"域"对话框的"请选择域"中的"类别"下拉列表框中选择"链接和引用"，"域名"列表框中选择"StyleRef"，"域属性"的"样式名"列表框中选择"标题 1"，如图 3-74 所示，单击"确定"按钮。页眉中域结果为本页中第一个具有"标题 1"样式的文本，这样所有的奇数页的页眉都自动提取并显示当前章标题的内容。

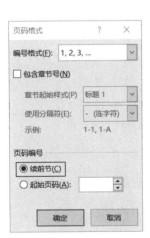

图 3-73　"页码格式"对话框　　　　　图 3-74　"域"对话框

（4）将光标移动到偶数页的页眉上，重复步骤（3）的操作，在"域属性"中的"样式名"列表框中选择"标题 2"。

（5）查看添加的页眉，会发现最后一页"致谢"页没有页眉，此时切换到"页眉和页脚工具／设计"选项卡，单击"导航"组中的"链接到前一节"按钮，如图 3-75，在弹出的提示框中单击"是",即可自动添加页眉,如图 3-76 所示。

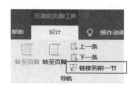

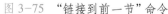

图 3-75 "链接到前一节"命令   图 3-76 链接到前一节提示框

（6）"结论"所在页（偶数页）的页眉不是标题 1 样式的"结论"两个字,处理办法:切换到"页眉与页脚工具／设计"选项卡,取消"导航"组中的"链接到前一节"的选择,然后重复步骤（3）,为该页面插入"标题 1"为内容的页眉。若后面的页面没有正常显示页眉,可以选中"链接到前一节"选项,即可自动添加页眉。

5. 创建目录

要求:在目录页中为后面的内容创建目录。

操作过程:

（1）将光标定位在"目录"文字的后面,切换到"引用"选项卡,单击"目录"组中的"目录"按钮,在其下拉菜单中选择"自定义目录"命令,弹出图 3-77 所示的"目录"对话框,设置后,单击"确定"按钮,即可自动添加目录。

图 3-77 "目录"对话框

（2）如果后期文档内容发生变化,可以在目录上面右击,在弹出的快捷菜单中选择"更新域"命令,即可自动更新目录。

6. 打印设置

要求:设置打印份数为 1 份,打印第 1 页、第 3 页、第 4 页及第 5 页;设置纸张大小为 A4。

操作过程:

切换到"文件"选项卡,单击"打印"命令,在出现的"打印"界面中,将"份数"选择"1",在"设置"组中的"页数"框中输入"1,3-5"（注意:这里的符号是英文半角符号）,并设置"纸张"为"A4",如图 3-78 所示,然后保存文档。

图 3-78　"打印"界面

打开实验素材"会计电算化节节高升 .docx",完成以下操作。

（1）按要求设置页面：纸张大小为16开，对称页边距，上边距为2.5厘米，下边距为2厘米，内侧边距为2.5厘米，外侧边距为2厘米，装订线为1厘米，页脚距边界1.0厘米。

（2）书稿中包含三个级别的标题，分别用"（一级标题）""（二级标题）""（三级标题）"字样标出。按下列要求对书稿应用样式、多级列表，并对样式格式进行修改，如图3-79所示。

内容	样式	格式	多级列表
所有用"一级标题"标识的段落	标题1	小二号字、黑体、不加粗、段前1.5行、段后1行，行距最小值12磅，居中	第1章、第2章、……第n章
所有用"二级标题"标识的段落	标题2	小三号字、黑体、不加粗、段前1行、段后0.5行，行距最小值12磅	1-1、1-2、2-1、2-2……n-1、n-2
所有用"三级标题"标识的段落	标题3	小四号字、宋体、加粗、段前12磅、段后6磅，行距最小值12磅	1-1-1、1-1-2……n-1-1、n-1-2、且与二级标题缩进位置相同
除上述三个级别标题外的所有正文（不含图表及题注）	正文	首行缩进2字符、1.25倍行距、段后6磅、两端对齐	

图 3-79　格式要求

（3）样式应用结束后，将书稿中各级别文字后面括号中的提示文字及括号"（一级标题）""（二级标题）""（三级标题）"全部删除。

（4）书稿中有若干表格及图片，分别在表格上方和图片下方的说明文字左侧添加（如"表1-1""表2-1""图1-1""图2-1"）题注，其中连字符"-"前面的数字代表章号，"-"后面的数字代表图表的序号，各章节图和表分别连续编号。添加完毕，将样式"题注"的格式修改为仿宋、小五号字、居中显示。

（5）在书稿中用红色标出文字的适当位置，为前两个表格和前三个图片设置自动引用其题注号。为第2张表格"表1-2好朋友财务软件版本及功能简表"套用一个合适的表格样式，保证表格第 1 行在跨页时能够自动重复,且表格上方的题注与表格总在一页上。

（6）在书稿的最前面插入目录,要求包含标题一、二、三级及对应页号。目录、书稿的每一章均为独立的一节,每一节的页码均以奇数页为起始页码。

（7）目录与书稿的页码分别独立编排,目录页码使用大写罗马数字（Ⅰ、Ⅱ、Ⅲ、…）,各章页码采用阿拉伯数字（1、2、3、…）,且各章节间连续编码。除目录首页和每章首页不显示页码外,其余页面要求奇数页码显示在页脚右侧,偶数页码显示在页脚左侧。

（8）将图片"Tulips.jpg"设置为本文稿的水印,水印处于书稿页面的中间位置,图片增加"冲蚀"效果。

任务六 邮件合并

任务描述

最近,小张所在的公司又要招聘一批新员工,经过最终的面试考核,确定了一批录用人员,领导通知小张给每一位被录用的人员制作一份录用通知书,并一一发送到他们的手中。

任务目的

（1）掌握邮件合并的使用方法。

（2）掌握利用邮件合并功能生成批量通知的方法。

技能储备

根据提供的实验素材,利用邮件合并功能制作批量邀请函。

1. 打开实验素材"Word.docx",并设置标题

要求:将标题"邀请函"设置字体为一号、加粗、红色,黄色阴影（大小为 100％,其他默认）,居中对齐。

操作过程:

（1）选择标题,在"开始"选项卡的"字体"组中设置字体为一号、加粗、红色。

（2）选择"字体"组右下角的"字体"对话框启动器,打开"字体"对话框,选择下面的"文字效果"按钮,如图 3-80 所示。

（3）在弹出的"设置文本效果格式"对话框中选择"效果"按钮,再选择"阴影"命令,如图 3-81 所示,在展开的选项中设置"颜色"为"黄色","大小"为"100％",如图 3-82 所示,单击"确定"按钮。

图 3-80 "字体"对话框

图 3-81　"设置文本效果格式"对话框　　图 3-82　"设置文本效果格式"对话框

（4）单击"段落"组中的"居中"按钮，效果如图 3-83 所示。

邀请函

图 3-83　标题设置效果

2. 设置正文内容

要求：设置正文各段落为 1.25 倍行距，段后间距为 0.5 行；正文首行缩进 2 字符；落款和日期位置为右对齐并且右侧缩进 3 字符。

操作过程：

（1）选择除"落款"和"日期"外的正文内容，切换到"开始"选项卡，单击"段落"组右下角的"段落设置"对话框启动器按钮，打开"段落"对话框，设置"多倍行距"为"1.25 倍"，"段后"为"0.5 行"，"首行"为"2 字符"，如图 3-84 所示，单击"确定"按钮。

（2）选择"落款"和"日期"行（最后两段），打开"段落"对话框，设置"对齐方式"为"右对齐"，"右侧"为"3 字符"，如图 3-85 所示，单击"确定"按钮。

图 3-84　"段落"对话框　　　　　　图 3-85　"段落"对话框

3.替换文字

要求:将文档中的"×××大会"替换为"云计算技术交流大会"。

操作过程:

(1)选择"×××大会"几个字,右击,在弹出的快捷菜单中选择"复制",再单击"开始"选项卡"编辑"组中的"替换"按钮,打开"查找和替换"对话框的"替换"选项卡。在"查找内容"组合框中右击,选择"粘贴",在"替换为"组合框中输入"云计算技术交流大会",然后单击"全部替换"命令,如图3-86所示。

图3-86 "查找和替换"对话框

(2)在弹出的对话框中单击"是",如图3-87所示,再单击"确定"按钮,如图3-88所示。

图3-87 替换提示框

图3-88 替换完成提示框

(3)关闭"查找和替换"对话框,完成文字替换。

4.页面设置

要求:设置页面的高度为27厘米、宽度为27厘米,页边距的上、下、左、右均为3厘米,并为页面设置宽度为12磅、带有红色五角星图案的页面边框。

操作过程:

(1)切换到"布局"选项卡,单击"页面设置"组右下角的"页面设置"对话框启动器按钮,打开"页面设置"对话框,单击"纸张"选项卡,将"高度"设置为"27厘米","宽度"设置为"27厘米",如图3-89所示。

(2)切换到"页边距"选项卡,将"页边距"的"上""下""左""右"均设置为"3厘米",如图3-90所示。

(3)切换到"布局"选项卡,然后单击右下角的"边框"命令,如图3-91所示。

(4)在打开的"边框和底纹"对话框的"页面边框"选项卡的左侧"设置"区域中选择"方框",在"艺术型"中选择下面的黑色的五角星图案,并将"颜色"设置为"红色","宽度"设置为"12磅",如图3-92所示,单击"确定"按钮。

图 3-89　"页面设置"对话框中的"纸张"选项卡　图 3-90　"页面设置"对话框中的"页边距"选项卡

 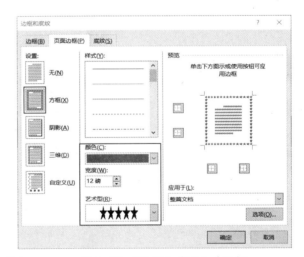

图 3-91　"页面设置"对话框中的"布局"选项卡　图 3-92　"边框和底纹"对话框

5. 插入脚注

要求：在正文第二段的第一句话"……进行深入而广泛的交流"后插入脚注"参见 http://www.cloudcomputing.cn 网站"。

操作过程：

（1）将光标定位在正文第二段的第一句话"……进行深入而广泛的交流"的后面，切换到"引用"选项卡，单击"脚注"组中的"插入脚注"按钮，如图 3-93 所示。

（2）在文档页面左下角的页脚处输入"参见 http://www.cloudcomputing.cn 网站"，如图3-94 所示。

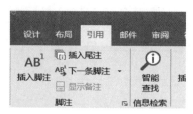

图 3-93 "插入脚注"按钮　　　　　图 3-94 插入脚注的效果

6. 邮件合并

要求：根据电子表格"Word 人员名单.xlsx"中的信息制作邀请函，在"尊敬的"的后面添加姓名信息，在姓名后添加"先生"（性别为男）或"女士"（性别为女）。

操作过程：

（1）将光标定位在"尊敬的"的后面，切换到"邮件"选项卡，单击"开始邮件合并"组中的"开始邮件合并"按钮，在出现的下拉菜单中选择"邮件合并分步向导"命令，如图 3-95 所示。

（2）在窗口右侧的"邮件合并"任务窗格中直接单击"下一步：开始文档"命令，如图 3-96 所示。

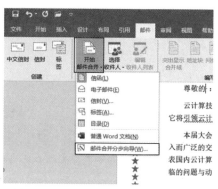

图 3-95 "开始邮件合并"下拉菜单

（3）在"邮件合并"任务窗格的第 2 步中选择"下一步：选择收件人"命令，如图 3-97 所示。

（4）在"邮件合并"任务窗格的第 3 步中选择"浏览"命令，如图 3-98 所示。

图 3-96 "邮件合并"之第一步　图 3-97 "邮件合并"之第二步　图 3-98 "邮件合并"之第三步

（5）在打开的"选取数据源"对话框中找到素材"Word 人员名单.xlsx"文件，单击"打开"按钮，如图 3-99 所示。

图 3-99　"选择数据源"对话框

（6）在打开的"选择表格"对话框中选择存放联系人信息的工作表"Sheet1$"，单击"确定"按钮，如图 3-100 所示。

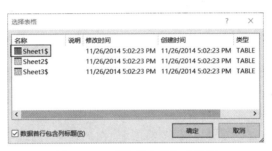

图 3-100　"选择表格"对话框

（7）在弹出的"邮件合并收件人"对话框中单击"确定"按钮，如图 3-101 所示。

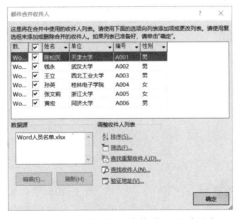

图 3-101　"邮件合并收件人"对话框

（8）在"邮件合并"任务窗格的第 3 步中选择"下一步：撰写信函"命令，如图 3-102 所示。

（9）在"邮件合并"任务窗格的第4步中选择"其他项目"命令,如图3-103所示。

图3-102 "邮件合并"之第三步 图3-103 "邮件合并"之第四步

（10）在打开的"插入合并域"对话框中的"插入"项中选择"数据库域",在"域"列表框中选择"姓名",如图3-104所示,然后单击"插入"按钮,再单击"关闭"按钮（插入域后,"取消"按钮会自动变成"关闭"）。

（11）将光标定位在"尊敬的《姓名》"的后面,在"邮件"选项卡的"编写和插入域"组中单击"规则"按钮,在出现的下拉菜单中选择"如果…那么…否则…"命令,如图3-105所示。

 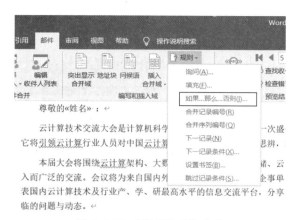

图3-104 "插入合并域"对话框 图3-105 "规则"下拉菜单

（12）在打开的"插入Word域:如果"对话框中的"如果"项的"域名"项中选择"性别","比较条件"项中选择"等于","比较对象"项中选择"男","则插入此文字"框中输入"先生","否则插入此文字"框中输入"女士",如图3-106所示,然后单击"确定"按钮。

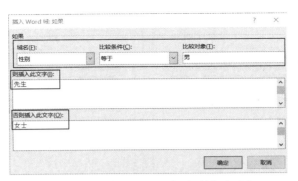

图 3-106　"插入 Word 域:如果"对话框

（13）在"邮件合并"任务窗格的第 4 步中单击"下一步:预览信函"命令,打开"邮件合并"任务窗格的第 5 步,如图 3-107 所示,可以通过单击"<<"或">>"按钮预览邮件效果。

（14）单击"下一步:完成合并"命令,选择"邮件合并"任务窗格第 6 步中的"编辑单个信函"命令,如图 3-108 所示。

图 3-107　"邮件合并"之第五步　　图 3-108　"邮件合并"之第六步

（15）在打开的"合并到新文档"对话框中选择"全部",如图 3-109 所示,单击"确定"按钮,即可为表中所有的联系人自动生成相应的邀请函,效果如图 3-110 所示。

图 3-109　"合并到新文档"对话框

图 3-110　邀请函的效果

7. 保存文档

要求：将新生成的信函文档以"自己的姓名（如张三）＋邀请函"进行保存，将 Word 文档以"自己的姓名（如张三）＋Word"进行保存。

操作过程：

略。（不会的同学可以参考任务一中的相关操作）

任务实施

小张已经将录用通知书模板编辑好了，现在还需要利用邮件合并功能，将录用人员表中相关人员的通知书一一做出来，然后邮寄给相关人员。请根据实验素材完成邮件合并，并将合并后的录用通知书信函以"自己的姓名（如张三）＋录用通知书"形式进行保存，效果如图 3-111 所示。

图 3-111　最终效果

任务七　**Word 2016 综合实验**

任务描述

国庆节马上就要到了,领导要小张制作一份关于公司喜迎国庆的小报,以张贴在宣传栏中。

任务目的

（1）掌握 Word 文档处理知识的综合运用,包括格式设置,插入艺术字、图片、文本框等的基本方法。

（2）掌握表格的插入、设置技巧,以及页面设置等。

（3）掌握一些排版技巧。

技能储备

根据提供的实验素材,按要求完成实验任务。

1. 页面设置

要求:将纸张大小设置为"B4",方向设置为"横向",上、下、左、右页边距设置为"1.27 厘米",并添加一宽度为"23 磅"的艺术型页面边框。

操作过程:

（1）启动 Word 2016,同时新建一个空白文档,切换到"布局"选项卡,单击"页面设置"组中的"纸张大小"按钮,在出现的下拉菜单中选择"B4"命令;单击"纸张方向"按钮,在出现的下拉菜单中选择"横向"命令;单击"页边距"按钮,在出现的下拉菜单中选择最下面的"自定义页边距"命令,在弹出的"页面设置"对话框中的"页边距"选项卡中,将上、下、左、右页边距都设置为"1.27 厘米",然后单击"确定"按钮。

（2）在"页面设置"对话框中选择"布局"选项卡,单击右下角的"边框"按钮,在打开的"边框和底纹"对话框中选择"页面边框"选项卡,然后选择合适的艺术型边框,并将宽度设置为"23 磅",单击"确定"按钮,效果如图 3-112 所示。

图 3-112　页面设置效果

2. 制作"喜迎国庆"标题

要求:在页面的左上角插入图片、艺术字和文本框,设置标题。

操作过程：

（1）选择"插入"选项卡，单击"插图"组中的"图片"按钮，在弹出的"插入图片"对话框中找到所需的素材，选择图片"国庆1.jpg"，然后单击"插入"按钮，并将图片的高度设置为"4.5厘米"，宽度设置为"17.2厘米"（注：先去掉"锁定纵横比"，再设置高度和宽度的值）。

（2）选择"插入"选项卡"文本"组中的"艺术字"按钮，在出现的下拉菜单中选择"填充：灰色，主题色3，锋利棱台"命令（第2行第5列），输入文字"喜迎国庆"，并将字体设置为"隶书，80磅，加粗，红色"，且放到合适位置，效果如图3-113所示。

图3-113 "喜迎国庆"艺术字

（3）选择"插入"选项卡"文本"组中的"文本框"按钮，在出现的下拉菜单中选择"绘制横排文本框"命令，在"喜迎国庆"的下面拖动鼠标左键绘制一个横排文本框，并输入文字"刊号：8200000 主办单位：信息与控制工程学院"，将字体设置为"宋体，14磅，加粗"，文本框的"形状填充"设置为"无填充"，"形状轮廓"设置为"无轮廓"，并调整到合适位置，效果如图3-114所示。

图3-114 标题设置效果

3. 制作"国庆节的由来"版块

要求：利用文本框实现文本分栏效果。

操作过程：

（1）选择"插入"选项卡"插图"组中的"形状"按钮，在出现的下拉菜单中选择"矩形"组中的"圆角矩形"命令，在文档中拖动鼠标左键绘制一个圆角矩形，并将其高度设置为"11.88厘米"，宽度设置为"17.22厘米"，再将其"形状填充"设置为"无填充"，"形状轮廓"的"粗细"设置为"2.25磅"，"虚线"设置为"方点"，调整到合适位置，效果如图3-115所示。

（2）在绘制的圆角矩形内绘制一个横排文本框，并将其高度设置为"12厘米"，宽度设置为"7.5厘米"，再将其设置为"无填充，无轮廓"，然后按住Ctrl键拖动左键复制一个与之相同大小的文本框（若同时按住Shift键，复制的图形和原图形在同一水平线上移动），放在右边，如图3-116所示。

（3）打开素材"国庆节的由来.docx"文档，把里面的文字内容复制到左边新建的文本框中，然后选择左边的文本框，单击"绘图工具/格式"选项卡"文本"组中的"创建链接"按钮，把光标移到右边的文本框内，这时光标将会变成一个倾斜的茶杯形状，此时单击，左边文本框中显示不完的文字会自动调整到右边的文本框内，选择两个文本框中的文字，将字体设置为

"华文楷体,13 磅",行距设置为"固定值:18 磅",效果如图 3-117 所示。

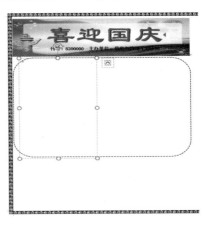

图 3-115　绘制圆角矩形　　　　图 3-116　在圆角矩形内添加两个横排文本框

图 3-117　为文本框创建链接

（4）参考上面的方法,在两个文本框中间绘制一个竖排文本框,并将其设置为"无填充,无轮廓",再在里面输入文字"国庆节的由来",字体设置为"隶书,34 磅,加粗",然后调整到合适位置,效果如图 3-118 所示。

图 3-118　"国庆节的由来"版面

4. 制作"沁园春·国庆"版块

要求:在文档的左下角插入一个竖排文本框,设置文字内容格式,插入图片并设置其格式。

操作过程:

（1）在"国庆节由来"的下面绘制一个竖排文本框（方法参照上一步），将其高度设置为"5.9 厘米",宽度设置为"17.22 厘米",并设置为"无填充,无轮廓"。

（2）打开素材"沁园春.docx"文档,将其中的文字复制到新建的文本框中,并将标题字体设置为"宋体,14 磅,加粗,居中对齐",正文字体设置为"华文行楷,10.5 磅",全文的段前距设置为"0.5 行",行距设置为"单倍行距",效果如图 3-119 所示。

（3）参考前面的方法,在文本框中插入图片"国庆 2.jpg",并选择图片,单击"绘图工具 / 格式"选项卡"图片样式"组中的"图片效果"按钮,在出现的下拉菜单中选择"阴影"→"内部"中的"偏移:左下",在"棱台"中选择"圆形",效果如图 3-119 所示。

图 3-119 "沁园春·国庆"版面

5. 制作"欢度 66 周年国庆晚会"版块

要求:利用表格实现图文混排。

操作过程:

（1）在文档的右上角单击,选择"插入"选项卡中的"表格"按钮,在出现的下拉菜单中选择"插入表格"命令,插入一个 2 行 3 列的表格。把表格的第 1 行合并,并设置行高为"5.8 厘米",第 2 行的行高为"3.79 厘米"。切换到"表格工具 / 布局"选项卡,单击"单元格大小"组右下角的"表格属性"对话框启动器按钮,打开"表格属性"对话框,在"表格"选项卡中设置"尺寸"中的"指定宽度"为"15.9 厘米",单击"文字环绕"中的"环绕",然后单击"定位"按钮,如图 3-120 所示。在打开的"表格定位"对话框中,将"水平"中的"位置"设置为"右侧","相对于"设置为"页边距";"垂直"中的"位置"设置为"0.25 厘米","相对于"设置为"页边距",如图 3-121 所示,单击"确定"按钮。

（2）打开素材"欢度 66 周年国庆晚会.docx"文档,并将文字复制到表格的第 1 行内,将标题字体设置为"华文隶书,16 磅,加粗,居中对齐",正文的字体设置为"微软雅黑,10.5 磅",行距设置为"固定值:18 磅",首行缩进设置为"2 字符"。

图 3-120　"表格属性"对话框　　　　图 3-121　"表格定位"对话框

（3）单击第 2 行的第 1 个单元格，插入图片"晚会 1.jpg"，并将图片的高度设置为"3.47厘米"，宽度设置为"4.9 厘米"（先取消勾选"锁定纵横比"，再进行设置），在另外两个单元格中分别插入"晚会 2.jpg"和"晚会 3.jpg"，并将大小设置得与"晚会 1.jpg"相同。

（4）打开"表格属性"对话框，单击"边框和底纹"按钮，在打开的"边框和底纹"对话框中选择"方框"，并将表格边框线设置为"虚线，1.5 磅粗细"，效果如图 3-122 所示。

图 3-122　"欢度 66 周年国庆晚会"版面

6. 制作"靠自己"版块

要求：利用文本框排版小短文"靠自己"。

操作过程：

（1）参照前面的方法，在"欢度 66 周年国庆晚会"的下面绘制一个横排文本框，并将其高度设置为"7.14 厘米"，宽度设置为"15.9 厘米"，

（2）打开素材"靠自己.docx"文档，将里面的文本复制到文本框中，并设置标题"居中对齐"，字体为"华文隶书，16 磅"；正文字体为"宋体，10.5 磅"，行距为"固定值：20 磅"。

（3）将文本框边框设置为"圆点"线型，粗细设置为"1.5 磅"，设置完成后把文本框调整到合适位置，效果如图 3-123 所示。

图 3-123 "靠自己"版面

7. 制作"每日一句"版块

要求：利用文本框，设置制作"每日一句"。

操作过程：

（1）在"靠自己"文本框的下面绘制一个横排文本框，并将其高度设置为"5 厘米"，宽度设置为"8 厘米"，边框线粗细设置为"1.5 磅"；在"绘图工具 / 格式"选项卡的"形状样式"组中选择"形状效果"按钮，在出现的下拉菜单中选择"阴影"，在其级联菜单中选择"内部"→"内部左下角"命令。

（2）将素材"每日一句.docx"中的内容复制到文本框中，并将标题设置为"宋体，16 磅，加粗，居中对齐"，正文内容设置为"宋体，12 磅，首行缩进：2 字符，行距：1.5 倍行距"，效果如图 3-124 所示。

图 3-124 "每日一句"版面

8. 制作"每日美图"版块

要求：利用文本框并插入图片，实现图文混排。

操作过程：

（1）参照"每日一句"的方法，制作一个相同的文本框，放在"每日一句"的右边（也可以选择"每日一句"文本框,然后按住 Ctrl 键的同时拖动鼠标左键,复制一个和"每日一句"一样的文本框,然后删除文字),并适当调整其位置。

（2）在文本框中输入文字"每日美图",并设置其对齐方式为"居中",字体为"宋体,16磅,加粗",文字方向为"垂直"。在文字前面插入图片"荷花.jpg",并将图片的高度设置为"4厘米",宽度设置为"6厘米",最终效果如图 3-125 所示。

图 3-125　最终效果

综合练习

一、单选题

1. Office 2016 是由哪个公司推出的办公软件（　　　）。

　　A. Adobe　　　　　　B. Microsoft　　　　　C. IBM　　　　　D. Sony

2. Word 文档实现快速格式化的重要工具是（　　　）。

　　A. 格式刷　　　　　　B. 工具按钮　　　　　C. 选项卡命令　　　D. 对话框

3. 在 Word 中,关于剪切和复制,下列叙述不正确的是（　　　）。

　　A. 剪切是把选定的文本复制到剪贴板上,仍保持原来选定的文本

　　B. 剪切是把选定的文本复制到剪贴板上,同时删除被选定的文本

　　C. 复制是把选定的文本复制到剪贴板上,仍保持原来选定的文本

　　D. 剪切操作是借助剪贴板暂存区域来实现

4. Word 的水平标尺上的文本缩进工具中,下列（　　　）项没出现。

　　A. 左缩进　　　　　　B. 右缩进　　　　　　C. 前缩进　　　　　D. 首行缩进

5. Word 2016 文档的默认扩展名是（　　　）。

　　A. dat　　　　　　　B. dotx　　　　　　　C. docx　　　　　　D. doc

6. Word 以"磅"为单位的字体中,根据页面的大小,文字最大可达到（　　　）磅。

　　A. 1 024　　　　　　B. 1 638　　　　　　C. 500　　　　　　　D. 390

7. 在 Word 中,利用（　　　）操作不能调整表格的行高或列宽。

　　A. 鼠标　　　　　　　B."表格属性"命令

C. 标尺 D. 滚动条

8. Word 文档的分栏效果只能在( )视图中正常显示。

    A. 草稿 B. 页面 C. 阅读版式 D. 大纲

9. 要在 Word 的同一个多页文档中设置三个以上不同的页眉和页脚,必须( )。

    A. 分栏 B. 分节

    C. 分页 D. 采用的不同的显示方式

10. Word 2016 默认的插入图片的环绕方式是( )。

    A. 上下型 B. 穿越型 C. 四周型 D. 嵌入型

11. 在 Word 中创建表格的最大行数是( )。

    A. 256 B. 1 024 C. 32 767 D. 32 768

12. 当 Word 2016 检查到文档中有拼写错误时,会用( )将其标出。

    A. 红色波浪线 B. 绿色波浪线 C. 黄色波浪线 D. 蓝色波浪线

13. 关于 Word 文档窗口,下列说法正确的是( )。

    A. 只能打开一个文档窗口

    B. 可以同时打开多个文档窗口,被打开的窗口都是活动窗口

    C. 可以同时打开多个文档窗口,但其中只有一个是活动窗口

    D. 可以同时打开多个文档窗口,但在屏幕上只能见到一个文档窗口

14. 关于 Word 中的项目符号,下列说法不正确的是( )。

    A. 项目符号可以改变 B. 项目符号只能是阿拉伯数字

    C. 项目符号可以增强文档的可读性 D. $、@ 都可定义为项目符号

15. 如果在一篇文档中所有的"大纲"二字都被录入员误输为"大刚",则最快的改正方法是( )。

    A. 用"定位"按钮 B. 用"撤销"和"恢复"按钮

    C. 用"编辑"组中的"替换"按钮 D. 用"查找"功能逐字查找,分别改写

16. 启动 Word 后,系统为新文档的命名应该是( )。

    A. 系统自动以用户输入的前 8 个字

    B. 自动命名为".docx"

    C. 自动命名为"文档 1"或"文档 2""文档 3"等

    D. 没有文件名

17. 在 Word 工作过程中,当光标位于文档中某处时,输入字符通常有( )两种状态。

    A. 插入与改写 B. 插入与移动 C. 改写与复制 D. 复制与移动

18. 将插入点定位于句子"飞流直下三千尺"中的"直"与"下"之间,按下 Delete 键,则该句子( )。

    A. 变为"飞流直三千尺" B. 变为"飞流下三千尺"

    C. 整句被删除 D. 不变

19. 下列哪个选项代表的字体最大( )。

    A. 四号 B. 三号 C. 小三号 D. 小二号

20. 新建文档的快捷键是( )。

    A. Ctrl+A B. Ctrl+X C. Ctrl+N D. Ctrl+Shift

21. 关于"保存"和"另存为"命令,下列叙述正确的是( )。

A. Word 保存的任何文档都不能用"写字板"打开

B. 保存新文档时,"保存"与"另存为"的作用是相同的

C. 保存旧文档时,"保存"与"另存为"的作用是相同的

D. "保存"命令只能保存新文档,"另存为"命令只能保存旧文档

22. 在 Word 环境下,分栏编排(　　　)。

A. 只能用于全部文档　　　　　　　B. 可以用于所有选择的文档

C. 只能排两栏　　　　　　　　　　D. 两栏是对等的

23. 在 Word 主窗口的右上角,可以同时显示的按钮是(　　　)。

A. 最小化、还原和最大化　　　　　B. 还原、最大化和关闭

C. 最小化、还原和关闭　　　　　　D. 还原和最大化

24. 双击段落旁边的选定栏,则选定(　　　)。

A. 一句话　　　　　B. 一段　　　　　C. 一行　　　　　D. 全文

25. 在 Word 2016 中,文档的背景可以非常方便地设置为各种颜色或者填充效果,下列叙述正确的是(　　　)。

A. 背景设置是格式设置　　　　　　B. 背景只能在屏幕上显示,不能打印

C. 背景一旦设置就不能取消　　　　D. 背景不能设置成一种颜色

26. 在 Word 2016 中,关于浮动式对象和嵌入式对象,下列说法不正确的是(　　　)。

A. 浮动式对象既可以浮于文字之上,也可以衬于文字之下

B. 插入的图片的默认环绕方式是嵌入式

C. 嵌入式对象可以与浮动式对象组合成一个新对象

D. 浮动式对象可以直接拖放到页面的任意位置

27. 关于 Word 的制表功能,下列叙述不正确的是(　　　)。

A. 用户可以绘制任意高度和宽度的单个单元格

B. 可以方便地清除任何单元格、行、列、边框

C. 只能对同一行中的单元格进行合并

D. 可以对任何相邻的单元格进行合并,无论是垂直的还是水平相邻的

28. 关于格式刷的使用,下列说法正确的是(　　　)。

A. 首先双击格式刷,然后在段落中多次单击

B. 首先将光标插入点定位在目标段落中,然后双击格式刷

C. 首先将光标插入点定位在源段落中或选中源段落,然后双击格式刷

D. 取消格式刷工作状态,不能用 Esc 键

29. 关于页眉和页脚,下列说法不正确的是(　　　)。

A. 只要将"奇偶页不同"这个复选框选中,就可以在文档的奇、偶页中插入不同的页眉和页脚内容

B. 在输入页眉和页脚内容时,还可以在每一页中插入页码

C. 可以将每一页的页眉和页脚的内容设置成相同的内容

D. 插入页码时,必须每一页都要输入页码

30. 在 Word 2016 的编辑状态,若选择了一个段落并设置段的"首行缩进"为 1 厘米,则(　　　)。

A. 该段落的首行起始位置距页面的左边距为 1 厘米

B. 文档中各段落的首行都由"首行缩进"确定位置

C. 该段落的首行起始位置距段落的"左缩进"位置的右边 1 厘米

D. 该段落的首行起始位置在段落"左缩进"位置的左边 1 厘米

31. 在 Word 2016 的编辑状态,若连续进行了两次"插入"操作,当单击一次"撤销"按钮时,则( )。

A. 将两次插入的内容全部取消　　　　B. 将第一次插入的内容全部取消

C. 将第二次插入的内容全部取消　　　　D. 两次插入的内容都不被取消

32. 在 Word 2016 的编辑状态,若当前编辑的文档是 D 盘中的 d1.docx 文档,要将该文档拷贝到 E 盘根目录中,应该使用( )。

A. "文件"中的"另存为"命令　　　　B. "文件"中的"保存"命令

C. "文件"中的"新建"命令　　　　D. Ctrl+S 快捷键

33. 在 Word 2016 的编辑状态,若选择了文档全文,并在"段落"对话框中设置行距为 20 磅的格式,则应当选择"行距"列表框中的( )。

A. 单倍行距　　　　B. 1.5 倍行距　　　　C. 固定值　　　　D. 多倍行距

34. 在 Word 2016 中打印文档时,下述说法不正确的是( )。

A. 在同一页上,可以同时设置纵向和横向打印

B. 在同一页文档上,可以同时设置纵向和横向两种页面方式

C. 在打印预览时,可以同时显示多页

D. 在打印时,可以指定需要打印的页面

35. 在 Word 2016 中对长文档编排页码时,下述说法不正确的是( )。

A. 添加或删除内容时,能随时自动更新页码

B. 一旦设置了页码就不能删除

C. 只有在"页面"视图和打印预览中才能出现页码显示

D. 文档第一页的页码可以任意设定

36. 下列哪个选项不是"页面设置"对话框的选项卡( )。

A. 页边距　　　　B. 纸型　　　　C. 版式　　　　D. 对齐方式

37. 要改变字体,第一步应( )。

A. 选定要改变成何种字体　　　　B. 选定原来的字体

C. 选定要改变字体的文字　　　　D. 选定文字的大小

38. 在 Word 2016 文档的某段落内,快速三次单击鼠标左键可以( )。

A. 选定当前"插入点"位置的一个词组　　　　B. 选定整个文档

C. 选定该段落　　　　D. 选定当前"插入点"位置的一个字

39. 在 Word 2016 编辑状态下,单击编辑中的"复制"按钮后( )。

A. 被选择的内容将复制到插入点处　　　　B. 被选择的内容将复制到剪贴板

C. 被选择的内容出现在复制内容之后　　　　D. 光标所在的段落内容被复制到剪贴板

40. 在 Word 中,下述关于分栏操作的说法正确的是( )。

A. 可以将指定的段落分成指定宽度的两栏

B. 任何视图下均可看到分栏效果

C. 设置的各栏宽度和间距与页面宽度无关

D. 栏与栏之间不可以设置分隔线

二、判断题

1. 在 Word 2016 的"编辑"组中不包括"转到"命令。　　　　　　　　　　　(　　)
2. Word 2016 是一个功能强大的文字处理软件,但表格数据不能排序。　　　(　　)
3. Word 2016 表格可以转换成文字,文字也可以转换成表格。　　　　　　　(　　)
4. 在 Word 环境下,要想复制或移动一段文字,必须先选中它。　　　　　　(　　)
5. 在 Word 环境下,用户只能通过鼠标调整段落的缩排。　　　　　　　　　(　　)
6. 在 Word 环境下,如果想移动或复制一段文字,必须通过剪贴板。　　　　(　　)
7. 在 Word 环境下,用户大部分时间可能工作在草稿视图模式下,在该模式下,用户看到的文档与打印出来的文档完全一样。　　　　　　　　　　　　　　　　　　　　(　　)
8. 在字号中,磅值越大,表示的字越小。　　　　　　　　　　　　　　　　　(　　)
9. 使用"插入"选项卡中的"符号"命令,可以插入特殊字符和符号。　　　　(　　)
10. 在 Word 中,公式中引用的基本数据源如果发生了变化,计算的结果会自动更新。(　　)

三、填空题

1. 在 Word 2016 中,文档的默认扩展名为＿＿＿＿＿＿＿＿。
2. Word 2016 的＿＿＿＿＿＿＿＿视图是最合适文本录入和编辑的视图。
3. 在 Word 中,按＿＿＿＿＿＿＿＿键可以在"插入"和"改写"两种状态之间切换。
4. Word 文字处理中,文本删除键有＿＿＿＿＿＿＿＿键和＿＿＿＿＿＿＿＿键。
5. Word 文字处理中,悬挂缩进是指段落中除＿＿＿＿＿＿＿＿外的其他行距页面左侧的缩进量。
6. 在输入文本的过程中,为了提高录入质量,可以借助 Word 的＿＿＿＿＿＿＿＿功能检查文档中存在的单词拼写错误或语法错误。
7. 在 Word 2016 中,用＿＿＿＿＿＿＿＿功能可以搜索并替换当前文档中指定的文字、格式等。
8. Word 2016 中的段落是指两个＿＿＿＿＿＿＿＿之间的全部字符。
9. 当一张表格超过一页时,要想在第二页的续表中也包括第一页的表头,应单击"表格工具/布局"选项卡,选择＿＿＿＿＿＿＿＿组中的＿＿＿＿＿＿＿＿命令。
10. Word 文字处理中,在默认情况下,文档中的中文字体＿＿＿＿＿＿＿＿。

四、操作题

马上要开始计算机等级考试了,小张最近都在抓紧时间练习计算机等级考试习题,他又从网上找了一份最新的关于 Word 2016 的操作习题来进行练习,期望经过这段时间的认真学习和练习能一次性通过考试。

1. 打开素材"计算机与网络应用",设置纸张大小为"A4",页边距的上、下为"3 厘米",左、右为"2.5 厘米",每页的行数为 36 行(在"页面设置"对话框的"文档网格"选项卡中选择"只指定行网格")。

2. 将封面、前言、目录、教材正文的每一章、参考文献均设置为独立一节(选"奇数页")。

3. 将前言、目录、章标题、节标题、小节标题及参考文献均设置为"单倍行距",段前、段后间距为"0.5 行"(选择时,按住 Ctrl 键实现不连续多选)。

4. 将所有红色字体,如前言、目录、参考文献及章标题(如第 1 章计算机概述)设置为"标题 1 样式",字体为"三号、黑体";节标题(如 1.1 计算机发展史)设置为"标题 2"样式,字体为"四号、黑体";小节标题(如 1.1.2 第一台现代电子计算机的诞生)设置为"标题 3"样式,字体为"小四号、黑体";正文字体设置为"宋体、五号,单倍行距,首行缩进:2 字符"。

小提示:做该题时,可先选择一行要设置格式的文字,然后单击"开始"选项卡"编辑"组中的"选择"按钮,在其下拉菜单中选择"选定所有格式类似的文本"命令,即可快速选择所有相同格式的文字。

5. 依据图片内容,将"第一台数字计算机.jpg"和"天河2号.jpg"图片文件插入正文的相应位置(有黄色底纹文字处),并调整图片大小,设置对齐方式为"居中",图片下方的文字为"居中,小五号,黑体"。

6. 将图片"Cover.jpg"设置为文档的封面,插入图片后将图片设置为"衬于文字下方",并调整其大小为A4幅面(宽度为21厘米,高度为29.7厘米);设置"高等职业学校通用教材"为"黑体,小四号";设置"计算机与网络应用"为"黑体,一号,加粗,居中对齐",并适当往下调整文字位置;设置"×××主编"为"黑体,四号,居中对齐";设置"高等职业学校通用教材编审委员会"为"方正姚体,小四号,居中对齐",并把文字调整到页面的底端,如图3-126所示。

7. 为文档添加页码,编排要求:封面、前言无页码,目录页页码采用大写罗马数字,正文和参考文献页页码采用阿拉伯数字。正文的每一章以奇数页的形式开始编码,第一章的第一页页码为"1",之后章节的页码续前节的页码编号,参考文献的页码续正文页的页码编号。页码设置在页面的页脚中间位置。

8. 在目录页的标题下方,以"自动目录1"的方式自动生成目录。

图3-126 封面设计效果

第4章

电子表格系统 Excel 2016

任务一 Excel 2016 文档的基本操作及数据的输入

任务描述

小刘找到了一份信息处理员的工作，每天要用 Excel 表格输入大量的信息。可是，他对工作表中各种数据的输入操作不太熟悉，为此他找了学计算机的好朋友小赵来帮忙。

任务目的

（1）掌握工作簿的创建、打开、保存及关闭的各种方法。

（2）掌握工作表的选择、移动、复制、插入、删除、隐藏、重命名等基本操作。

（3）掌握工作表中各种类型数据的输入方法和技巧。

（4）掌握工作表中数据有效性的设置方法。

技能储备

在磁盘“D:\目录”下创建名为“Excel 练习”的文件夹，并在该文件夹下建立一个名为“信息表”的工作簿，在工作表 Sheet11 中创建图 4-1 所示的工作表，然后进行数据输入及工作表的基本操作练习。

A1 纯数字

	A	B	C	D	E	F	G	H	I	J	K	L	M
1	纯数字	数字序列	等差数列	等比数列	分数等差	带有数字的文本	带有数字的文本	文本型数据	日期1	日期2	日期3	自定义序列	十二生肖
2	1	1	1	1	1/4	A1	1年1班	001	2020/1/12	2020/1/12	2020/1/12	甲	鸡
3	1	2	6	3	1/2	A2	1年2班	002	2020/1/13	2020/1/12	2020/2/12	乙	狗
4	1	3	11	9	3/4	A3	1年3班	003	2020/1/14	2020/1/12	2020/3/12	丙	猪
5	1	4	16	27	1	A4	1年4班	004	2020/1/15	2020/1/12	2020/4/12	丁	鼠
6	1	5	21	81	1 1/4	A5	1年5班	005	2020/1/16	2020/1/12	2020/5/12	戊	牛
7	1	6	26	243	1 1/2	A6	1年6班	006	2020/1/17	2020/1/12	2020/6/12	己	虎
8	1	7	31	729	1 3/4	A7	1年7班	007	2020/1/18	2020/1/12	2020/7/12	庚	兔
9	1	8	36	2187	2	A8	1年8班	008	2020/1/19	2020/1/12	2020/8/12	辛	龙
10	1	9	41	6561	2 1/4	A9	1年9班	009	2020/1/20	2020/1/12	2020/9/12	壬	蛇
11	1	10	46	19683	2 1/2	A10	1年10班	010	2020/1/21	2020/1/12	2020/10/12	癸	马
12	1	11	51	59049	2 3/4	A11	1年11班	011	2020/1/22	2020/1/12	2020/11/12	甲	羊
13	1	12	56	177147	3	A12	1年12班	012	2020/1/23	2020/1/12	2020/12/12	乙	猴
14													

图 4-1 工作表

1. 文档的创建

单击“开始”→“Microsoft Excel 2016”，启动 Excel 2016。

2. 工作表的基本操作

（1）新建工作簿。

默认情况下，包含 1 个工作表。修改默认打开的工作表数量的方法：单击"文件"→"选项"，在弹出的"Excel 选项"对话框中，将"常规"选项中的"包含的工作表数"改为"13"，再次新建一个空白的 Excel 2016 文档即可。

（2）工作表的选择。

选择一个工作表：单击该工作表的标签。

选择不连续的工作表：先单击第一张工作表的标签，然后按住 Ctrl 的同时单击要选择的其他工作表的标签。

选择连续的工作表：先单击第一张工作表的标签，然后按住 Shift 的同时单击要选择的最后一张工作表的标签。

（3）工作表标签的重命名。

双击要重命名的工作表标签，如 Sheet11，然后直接输入新的名字"数据输入"，并按 Enter 键确认。或右击要重命名的工作表标签，在弹出的快捷菜单中选择"重命名"命令，然后输入工作表的新名字。

（4）删除工作表。

选择要删除的工作表 Sheet13，在选中的工作表标签上右击，在弹出的快捷菜单中选择"删除"命令。

（5）插入新工作表。

选择工作表 Sheet12，在工作表标签上右击，选择"插入"命令，打开"插入"对话框，如图 4-2 所示。在"常用"选项卡的列表框中选择"工作表"，然后单击"确定"按钮，即可在当前工作表的前面插入一张新工作表 Sheet14。

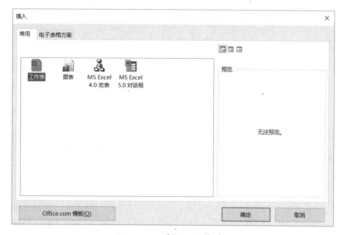

图 4-2　插入工作表

（6）移动、复制工作表。

移动：右击 Sheet14 工作表标签，在弹出的菜单中选择"移动或复制"命令，在打开的"移动或复制工作表"对话框中选择移至最后。

复制：右击 Sheet14 工作表标签，在弹出的菜单中选择"移动或复制"命令，在打开的"移动或复制工作表"对话框中选择移至最后，然后选中"建立副本"选项，得到 Sheet14（2）。

除此方法外,还可通过拖动的方法实现:选中要移动或复制的工作表,然后按住鼠标左键不放并拖动(若是要复制工作表,拖动鼠标的同时要按住 Ctrl 键不放),此时会出现移动或复制标记,当标记到达目标位置时释放鼠标即可。

(7)隐藏、取消隐藏工作表。

隐藏:单击要隐藏的工作表标签,然后右击,在弹出的菜单中选择"隐藏"命令,即可将选择的工作表隐藏起来。或者切换至功能区的"开始"选项卡,在"单元格"组中单击"格式"按钮,在弹出的菜单中选择"隐藏和取消隐藏"→"隐藏工作表"命令,如图 4-3 所示。

图 4-3　隐藏工作表

取消隐藏:在任一工作表标签上右击,在弹出的快捷菜单中选择"取消隐藏工作表",然后在弹出的对话框中选择需要取消隐藏的工作表,单击"确定"按钮即可显示相应的工作表。

3. 数据的输入(在"数据输入"工作表中操作)

(1)文本型和数值型数据的输入。

单击 A1 单元格,输入"纯数字",然后按 Tab 键或单击 B1 单元格,输入"数字序列",在后面的单元格中依次输入"等差数列、等比数列、分数等差、带有数字的文本、带有数字的文本、文本型数据、日期 1、日期 2、日期 3、自定义序列、十二生肖"。

单击 A2 单元格,输入数字型数据"1"。在 B2 单元格中输入数字型数据"1"。在 C2 单元格中输入数字型数据"1"。在 D2 单元格中输入数字型数据"1"。在 F2 单元格中输入"A1"。在 G2 单元格中输入"1 年 1 班"。在 H2 单元格中输入"'001"(其中数字前加英文的"'",表示输入的是文本),注意观察文本型数据和数字型数据的区别(文本型数据左对齐,数字型数据右对齐)。在 L2 单元格中输入汉字"甲"。在 M2 单元格中输入汉字"鸡"。

(2)分数的输入。

单击 E2 单元格,输入"0 1/4"后按 Enter 键(注意:0 后面输入空格,然后输入 1/4),输入分数"1/4"。

(3)日期型数据的输入。

单击 I2 单元格,输入"2020/1/12"(也可以输入"2020-1-12")后按 Enter 键,即可输入此日期。在 J2 和 K2 单元格中分别输入日期"2020/1/12"。

4. 批注的输入

选择 H2 单元格,右击,在弹出的菜单中选择"插入批注"命令,在批注框中输入"此列数据为文本型数据",如图 4-4 所示。单击"审阅"选项卡"批注"组中的"新建批注",也可以插入批注。

图 4-4　批注

5.数据有效性检验

选定要限制其数据有效性范围的单元格(此处选择 I2:I13 单元格),然后单击"数据"选项卡"数据工具"组中的"数据验证",在出现的下拉菜单中选择"数据验证"命令,打开"数据验证"对话框。在"设置"选项卡的"允许"下拉列表框中选择"日期",在"数据"下拉列表框中选择"介于",在"开始日期"框中输入"2020/1/1",在"结束日期"框中输入"2020/12/31",如图 4-5 所示;单击"出错警告"选项卡,在"样式"中选择"停止",在"标题"中输入"日期出错",在错误信息中输入"您输入的日期不在有效范围内,请重新输入!",如图 4-6 所示,单击"确定"。这样设置后,在"日期"列中输入 2020/1/1—2020/12/31 之外的日期,均为非法。

图 4-5 数据有效性设置

图 4-6 出错警告

另外,通过数据有效性,还可为成绩设置有效范围,为文本制定长度,使用公式计算有效性数据,制定单元格是否为空白单元格的有效性检验。此外,列表选择输入项等也可以在"数据验证"对话框中进行设置。

6.自动填充数据

(1)复制填充。

填充相同的数字型数据或不具有增减可能的文字型数据:单击填充内容所在的 A2 单元格,将鼠标移到填充柄上,当鼠标指针变成黑色的十字形时,按住鼠标左键拖动到所需要的位置,松开鼠标,则所经过的单元格都被填充了相同的数据,如图 4-7 所示。拖动时,上、下、左、右均可。

(2)填充自动增 1 序列。

① 单击填充内容所在的 B2 单元格,将鼠标移动到填充柄上,当鼠标指针变成黑色的十字形时,按住 Ctrl 键的同时按住鼠标左键,拖动到所需要的位置,松开鼠标,则所经过的单元格都被填充了自动增 1 的数据,如图 4-8 所示。

② 填充带有数字的文本。

a. 单击填充内容所在的 F2 单元格,将鼠标移动到填充柄上,当鼠标指针变成黑色的十字形时,按住鼠标左键拖动到所需要的位置,松开鼠标,则所经过的单元格都被填充了文本不变而数字自动增 1 的内容,如图 4-9 所示。

图 4-7　数字的自动填充　图 4-8　数字自动增 1 序列填充　图 4-9　带有数字的文本填充

b. 单击填充内容所在的 G2 单元格,将鼠标移到填充柄上,当鼠标指针变成黑色的十字形时,按住鼠标左键拖动到所需要的位置,松开鼠标,则所经过的单元格都被填充了最末尾数字自动增 1 而其余内容不变的效果。H 列的方法同上,如图 4-10 所示。

③ 填充日期时间型数据及具有增减可能的文字型数据。

a. 单击填充内容所在的 I2 单元格,将鼠标移动到填充柄上,当鼠标指针变成黑色的十字形时,按住鼠标左键拖动到所需要的位置,松开鼠标,则所经过的单元格都被填充了按日自动增 1 的数据。

b. 单击填充内容所在的 J2 单元格,将鼠标移动到填充柄上,当鼠标指针变成黑色的十字形时,按住 Ctrl 键的同时按住鼠标左键,拖动到所需要的位置,松开鼠标,则所经过的单元格都被填充了相同的数据,如 4-11 所示。

图 4-10　带有数字的文本填充　　图 4-11　日期和文本型数据的序列填充

（3）输入任意等差、等比数列。

① 输入等差数列。

方法 1:先输入数列的前两个值,这两个值的差值决定了数列的增长步长,选定这两个值所在的单元格,鼠标放到单元格的右下角,拖动其填充柄即可产生等差数列,如图 4-12 所示。用同样方法,填充 K 列。

图 4-12　等差序列

方法 2:首先在 C2 单元格中输入数列的第一个值(假定为 1),在"开始"选项卡的"编辑"组中单击"填充"选项右侧的下拉按钮,在出现的下拉菜单中选择"序列",打开"序列"对话框,将"序列产生在"选择"列","类型"选择"等差序列",并在"步长值"中输入"5","终止值"中输入"56",如图 4-13所示,然后单击"确定"按钮。

② 输入等比数列。

方法1：单击填充内容所在的 D2 单元格，将鼠标移动到填充柄上，当鼠标指针变成黑色的十字形时，按住鼠标右键并拖动填充柄，到达填充区域的最后单元格时松开鼠标右键，在弹出的快捷菜单中选择"序列"，打开"序列"对话框，将"序列产生在"选择"列"，"类型"选择"等比序列"，并在"步长值"中输入"3"，如图 4-14 所示，然后单击"确定"按钮。

图 4-13　等差序列填充　　　　　　　图 4-14　等比序列填充

方法2：参照输入等差数列的方法2。

（4）自定义序列填充。

① 系统自带的序列填充。

单击填充内容所在的 L2 单元格，将鼠标移动到填充柄上，当鼠标指针变成黑色的十字形时，按住鼠标左键并拖动填充柄到所需要的位置，松开鼠标，则所经过的单元格都被填充了系统自带的序列。

② 利用现有数据创建自定义序列。

如果已经输入了将要用作填充序列的数据序列，则先选中工作表中相应的数据区域，如图 4-15 所示，然后单击"文件"选项卡中的"选项"命令，打开"Excel 选项"对话框，如图 4-16 所示。单击"高级"→"常规"→"编辑自定义列表"，在弹出的"自定义序列"对话框中单击"导入"，即可定义序列，如图 4-17 所示。使用时，只要输入任一个值，使用填充柄即可完成序列的填充。

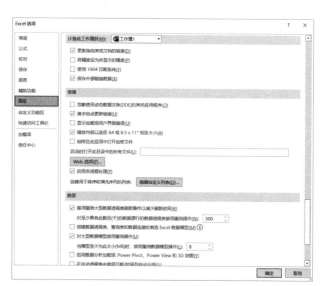

图 4-15　选择序列　　　　　　　图 4-16　"Excel 选项"对话框

图 4-17　"自定义序列"对话框

③ 利用临时输入方式创建自定义序列。

单击"文件"选项卡中的"选项"命令,打开"Excel 选项"对话框,然后选择"高级" →"常规"→"编辑自定义列表",在弹出的"自定义序列"对话框的"输入序列"框中输入新序列,单击"添加"按钮即可。(注意:每个单元格中的数据应占用一行)

7. 保存文档

单击"文件"选项中的"保存"按钮,然后单击"浏览",打开"另存为"对话框,选择保存路径为"D:\Excel 练习",在"文件名"框中输入"信息表","保存类型"默认为"Excel 工作簿(*.xlsx)",单击"保存"按钮,完成文档的保存操作。

创建员工档案信息表,如图 4-18 所示。

	A	B	C	D	E	F	G	H	I	J	K	L
1	工号	姓名	性别	部门	职务	民族	籍贯	学历	身份证号码	参加工作时间	联系电话	基本工资
2	21110001	赵鑫	男	市场部	部门经理	汉	山东	研究生	371485197204130037	1998/7/8	13511020012	5000
3	21110002	王艳贤	女	销售部	部门经理	回	本科		370283197909181025	2004/3/1	13210251128	4000
4	21110003	李可	男	销售部	职员	汉	江西	专科	300245197501020034	2002/5/8	13326305847	3000
5	21110004	王硕	男	人事部	部门经理	汉	浙江	本科	271485197212041054	1996/9/5	15036205881	4000
6	21110005	高正文	女	市场部	职员	藏	内蒙古	研究生	580675198006142075	2004/8/2	13869147021	3800
7	21110006	任研	女	财务部	部门经理	汉	山东	本科	370884197804130146	2002/9/10	13825430712	4800
8	21110007	葛丽	女	人事部	职员	汉	山东	研究生	370285197108130037	1998/8/4	13326300834	3800
9	21110008	徐金来	男	财务部	职员	汉	湖南	本科	485718198104230117	2004/10/3	13326304558	3800
10	21110009	余雪	女	后勤部	部门经理	汉	山东	专科	371482198209130024	2005/7/8	15869140020	3500
11	21110010	范中艺	男	后勤部	职员	汉	浙江	专科	271485198512030158	2008/2/10	13861802548	2800
12												

图 4-18　员工档案信息表

要求如下:

(1)参照实验素材"员工档案信息表.xlsx",输入有关数据(按照此表重建一个),并保存为"员工档案信息表 2.xlsx"。

(2)利用自动填充功能,将"工号"列输入文本型数据。

(3)对"部门"列设置数据有效性,数据从下拉列表中选择输入。操作提示:有效性条件

"允许"为"序列",在"来源"文本框中输入各个部门名称"市场部,销售部,人事部,财务部,后勤部"后,单击"确定"按钮。注意:部门名称之间要用英文半角逗号分隔。

（4）身份证号码为文本型数据。

（5）将赵鑫、李可、王硕的批注设为"男"。

（6）设置参加工作时间的数据有效性检验,有效范围为 1985-1-1 至 2015-1-1。

（7）联系电话的数据有效性检验,设置文本长度为 11 位。

（8）将工作表 Sheet1 改名为"员工档案表"。

（9）在工作表 Sheet2 前连续插入两个工作表。

（10）删除工作表 Sheet2。

（11）将工作表"员工档案表"复制到新插入的工作表之后,将其重命名为"员工档案表备份"。

（12）将工作表"员工档案表"移动到所有工作表之后。

（13）将工作表"员工档案表备份"隐藏。

（14）将工作表"员工档案表备份"取消隐藏。

（15）保存。

任务二　工作表的编辑及格式化

任务描述

　　小刘虽然能熟练地输入各种数据,但是他又发现了一个新的问题:表格不美观。他再次找小赵帮忙。

任务目的

　　（1）掌握工作表中数据的编辑(包括单元格中内容的复制、移动、清除格式和修改等)、工作表的插入、单元格的删除、行高／列宽的设置,以及行／列的隐藏与取消隐藏、数据的查找与替换等操作。

　　（2）掌握单元格格式的设置,文字的字体、字号、对齐方式等的设置,表格边框、底纹、图案颜色的设置,能够对工作表的数据和外观进行修饰。

技能储备

根据提供的实验素材,编辑"员工信息表. xlsx",结果如图 4-19 所示。

具体要求如下:

（1）将 Sheet1 中的数据复制到 Sheet2 中,并将 Sheet2 中的数据移动到 Sheet3 中。

（2）删除 Sheet4 工作表中的格式。

（3）在 Sheet1 工作表的最上方插入一新行,并输入"员工信息表"。

（4）在 H 列前插入一新列,并输入"政治面貌"。

（5）删除“李可”记录行。

员工信息表												
工号	姓名	性别	部门	职务	民族	籍贯	政治面貌	学历	身份证号码	参加工作时间	联系电话	基本工资
21110001	赵鑫	男	市场部	部门经理	汉	山东		研究生	485197204130	1998/7/8	13511020012	¥5,000
21110002	王艳贤	女	销售部	部门经理	回	山东		本科	283197909181	2004/3/1	13210251128	¥4,000
21110004	王硕	男	人事部	部门经理	汉	浙江		本科	485197212041	1996/9/5	15036205881	¥4,000
21110005	高正文	女	市场部	副经理	藏	内蒙古		研究生	575198006142	2004/8/2	13869147021	¥3,800
21110006	任研	女	财务部	部门经理	汉	山东		本科	384197804130	2002/9/10	13825430712	¥4,800
21110007	葛丽	女	人事部	副经理	汉	山东		研究生	285197108130	1998/8/4	13326300834	¥3,800
21110008	徐金来	男	财务部	副经理	汉	湖南		本科	718198104230	2004/10/3	13326304558	¥3,800
21110009	余雪	女	后勤部	部门经理	汉	山东		专科	482198209130	2005/7/8	15869140020	¥3,500
21110010	范中艺	男	后勤部	副经理	汉	浙江		专科	485198512030	2008/2/10	13861802548	¥2,800

图 4-19　员工信息表效果图

（6）隐藏“民族”列。

（7）将 Sheet1 工作表中的“职员”替换为“副经理”。

（8）将第一行的内容作为表格标题居中，并设置为华文隶书、加粗、红色、22 磅。

（9）将 A2:M11 单元格区域的字体设置为楷体、12 磅，水平居中、垂直居中对齐，底纹为浅蓝色，行标题内容加粗显示，行高为 15、列宽为 12。

（10）将“基本工资”列中的数据设置为货币格式。

（11）将“基本工资”中的数据格式设置为绿色数据条渐变填充。

（12）为 A2:M11 单元格区域的数据添加上红色双线型外边框，并将内部边框设置为蓝色细边框。

1. 工作表中数据的编辑

（1）数据的复制。

打开工作簿“员工信息表.xlsx”，如图 4-20 所示，在 Sheet1 中选择 A1:L11 单元格区域，然后单击“复制”按钮，打开 Sheet2 工作表，选中 A1 单元格，再单击“粘贴”按钮，将 Sheet1 中的数据复制到 Sheet2 中。

工号	姓名	性别	部门	职务	民族	籍贯	学历	身份证号码	参加工作时间	联系电话	基本工资
21110001	赵鑫	男	市场部	部门经理	汉	山东	研究生	371485197204130037	1998/7/8	13511020012	5000
21110002	王艳贤	女	销售部	部门经理	回	山东	本科	370283197909181025	2004/3/1	13210251128	4000
21110003	李可	男	销售部	职员	汉	江西	专科	300245197501020034	2002/5/8	13326305847	3000
21110004	王硕	男	人事部	部门经理	汉	浙江	本科	271485197212041054	1996/9/5	15036205881	4000
21110005	高正文	女	市场部	职员	藏	内蒙古	研究生	580675198006142075	2004/8/2	13869147021	3800
21110006	任研	女	财务部	部门经理	汉	山东	本科	370884197804130146	2002/9/10	13825430712	4800
21110007	葛丽	女	人事部	职员	汉	山东	研究生	370285197108130037	1998/8/4	13326300834	3800
21110008	徐金来	男	财务部	职员	汉	湖南	本科	485718198104230117	2004/10/3	13326304558	3800
21110009	余雪	女	后勤部	部门经理	汉	山东	专科	371482198209130024	2005/7/8	15869140020	3500
21110010	范中艺	男	后勤部	职员	汉	浙江	专科	271485198512030158	2008/2/10	13861802548	2800

图 4-20　员工信息表

（2）数据的移动。

在 Sheet2 中选择 A1:L11 单元格区域，单击“剪切”按钮，然后打开 Sheet3 工作表，选中 A1 单元格，单击“粘贴”按钮，将 Sheet2 中的数据移动到 Sheet3 中。

（3）数据的删除。

在 Sheet4 中选择 A1:L1 单元格区域，单击“开始”选项卡“编辑”组中的“清除”选项右侧的下拉按钮,在出现的下拉菜单中选择"清除格式"命令。

2. 行、列的基本操作

（1）插入行。

在工作表 Sheet1 中选中第一行或者单击第一行中的任意单元格,右击,在弹出的快捷菜单中选择"插入"→"整行"命令。选择 A1 单元格,输入"员工信息表"。

（2）插入列。

单击 H 列中的任意单元格,右击,在弹出的快捷菜单中选择"插入"→"整列"命令,插入一新列。选择 H2 单元格,输入"政治面貌"。

（3）删除行。

选择姓名为"李可"的行中的任意单元格,右击,在弹出的快捷菜单中选择"删除"命令,在弹出的对话框中选择"整行"。

（4）行或列的隐藏和取消隐藏。

右击"民族"所在列的列标,在弹出的快捷菜单中单击"隐藏"命令,该列即被隐藏。拖动鼠标,同时选中 E 和 G 两列,右击,在弹出的快捷菜单中选择"取消隐藏"命令,隐藏的列即重新显示出来。

3. 数据的查找与替换

在"开始"选项卡的"编辑"组中单击"查找和选择"→"替换"命令,弹出"查找和替换"对话框,在"查找内容"框中输入"职员","替换为"框中输入"副经理",单击"查找下一个"按钮,光标将定位在文档中的第一个"职员"处。如果要替换目标,则单击"替换"按钮,系统完成替换,并继续自动查找下一个;如果要将文档中的目标全部替换,可直接单击"全部替换"按钮完成全部替换。如果需要增加特殊格式,在"查找和替换"对话框中单击"选项"按钮,然后单击"替换为"框右边的"格式"按钮,进行相对应的格式设置,就可以设置成带有特殊格式的文本了。

4. 单元格的格式化操作

（1）单击 A1 单元格,拖动选择 A1:M1 单元格区域后,单击"开始"选项卡"对齐方式"组中的"合并后居中"按钮。

（2）选择标题,在"开始"选项卡的"字体"组中将字体设置为华文隶书,字号设置为 22 磅,红色,加粗。

（3）单击 A2 单元格,拖动选择 A2:M11 单元格区域后,在"开始"选项卡的"字体"组中将字体设置为楷体,字号设置为 12 磅,并在"对齐方式"组中选择"居中对齐、垂直居中";单击"开始"选项卡"字体"组中的"填充颜色"按钮,将填充颜色设置为浅蓝色。选择 A2:M2 单元格区域,将字体设置为加粗。

（4）选择 A2:M11 单元格区域,单击"开始"选项卡"单元格"组中的"格式"按钮,在其下拉菜单中选择"行高",在弹出的"行高"对话框中输入高度值 15,然后再次单击"格式"按钮,选择"列宽"命令,在弹出的"列宽"对话框中输入列宽值 12。

（5）选择 M3:M11 单元格区域,单击"开始"选项卡"数字"组右下角的按钮,弹出"设置单元格格式"对话框后,在"分类"中选择"货币",并将小数位数设置为 0,货币符号设置为￥。

（6）选中 M3：M11 单元格区域，单击"样式"组中的"条件格式"，在其下拉菜单中选择"数据条"，然后在其级联菜单中选择"渐变填充"中的"绿色数据条"命令，如图 4-21 所示。

图 4-21　条件格式设置

（7）选择 A2：M11 单元格区域，单击"字体"组中的"边框"按钮，在其下拉菜单中选择"其他边框"，打开"设置单元格格式"对话框，在"边框"选项卡中设置线条样式为"双线"，颜色为"红色"，预置为"外边框"，即可添加红色双线形外边框；再设置线条样式为"单线"，颜色为"蓝色"，预置为"内部"，即可为内部添加蓝色细边框线。

（8）将文件另存为"员工信息表实验结果.xlsx"。

任务实施

打开实验素材中的"全运会奖牌表.xlsx"，完成以下操作。工作表的最后效果图如图 4-22 所示。

扫一扫

2021年全运会奖牌榜				
省份	金牌	银牌	铜牌	总奖牌
山东	57	55	47	159
广东	54	32	56	142
浙江	44	35	37	116
江苏	42	35	39	116
上海	36	27	28	91
四川	22	19	23	64
湖北	27	18	15	60
福建	25	17	18	60
辽宁	22	16	22	60
陕西	19	15	23	57
北京	21	14	15	50
湖南	25	13	9	47

图 4-22　全运会奖牌表

要求：

（1）插入标题行，输入"2021 年全运会奖牌榜"。

（2）将标题行（A1：E1）合并居中，并将格式设为黑体，字号 20，行高设置为 30。

（3）在"福建"与"陕西"之间插入一条记录，数据为：辽宁、22、16、22。

（4）将第2行填充茶色、背景2，行高23，字体：楷体，16磅字，所有列列宽为自动调整列宽，其余行的行高为15。

（5）单元格中的数据均设置为垂直和水平居中。

（6）用公式求出总奖牌（总奖牌＝金牌＋银牌＋铜牌）。

（7）将 sheet1 标签重命名为"全运会奖牌表"。

（8）为 E2 单元格添加批注，批注的内容为"2021年全运会总奖牌数"。

（9）为数据区域加上边框，外边框为红色粗实线，内边框为绿色细实线。并为 A3：E14 区域添加黄色底纹。

（10）将总奖牌列中奖牌数量大于100的单元格，设置成粗体、红色字。将该列列宽自动调整合适宽度。

（11）删除 sheet2 工作表中的数据格式，删除 B1 中的批注；

（12）将工作簿另存为"全运会奖牌表效果图.xlsx"。

任务三　使用公式和函数

任务描述

小刘的朋友小李在一所学校的学生科工作，学期末需要对全院学生进行各方面的测评，为此要用到 Excel 中的一些函数。小李对函数的操作不太熟悉，于是他找小刘帮忙。

任务目的

通过本实验，掌握 Excel 2016 工作表中公式和函数的使用方法、单元格引用方法、常用函数的使用方法，熟练掌握条件函数（IF）、条件统计函数（COUNTIF）、条件求和函数（SUMIF）、求余函数（MOD）、取子串函数（MID、LEFT、RIGHT）、逻辑函数（AND、OR）、VLOOKUP 函数及常用日期函数（YEAR、NOW、DATE）等的使用方法，锻炼熟练解决实际问题的能力。

技能储备

打开"实验三"文件夹，按照以下要求进行操作：

（1）打开"员工年度奖金计算表.xlsx"，计算应发奖金和月应税所得额。其中，应发奖金＝年基本工资总额×奖励率，月应税所得额＝应发奖金/12。设置"应发奖金"和"月应税所得额"的数据格式为货币，并添加货币符号"￥"，保留2位小数。

（2）打开"统计员工培训成绩表.xlsx"，求总分、平均分、最高分、最低分；计算名次；求出文档处理测试项目中85分以上（含85分）的人数；按照总分"≥324"为"优秀"，总分"≥290"且"<324"为"合格"，否则为"不合格"的要求进行总评；计算优秀率。

（3）打开“学生奖学金信息表.xlsx”，完成相关操作。

① 插入表格标题行，表格标题为“奖学金发放表”，表格标题行的行高为 25，字号为 18 磅，加粗。

② 根据身份证号，计算出所有人的性别，填充到“性别”列中。身份证的第 17 位表示性别，其中奇数表示“男”，偶数表示“女”。

③ 依据学号（学号的第 5 位、第 6 位表示学院代号，如 20120113007 中的 01 表示国际商学院）和学院信息工作表，计算出所有人的学院信息，并将其填充到“学院”列中。

④ 计算学生的年龄，并将其填充到“年龄”列中。

⑤ 根据学号（学号的前 4 位表示年级），计算学生的年级，并将其填充到“年级”列。

⑥ 计算学生的奖学金。奖学金等级分为一等和二等，论文等级分为优秀和良好。发放标准为：奖学金等级为一等且论文为优秀者，奖学金额为 5 000 元；奖学金等级为一等且论文为良好者，奖学金额为 4 000 元；其他为 3 000 元。

⑦ 在 B35、B36 单元格中分别计算出获得奖学金的男生、女生人数。

⑧ 在 D35 单元格中求出女生获得奖学金的总额。

⑨ 在 D36 单元格中求出获得 5 000 元奖学金的人数。

⑩ 为 A2:J33 单元格区域中的奇数行填充橙色。

⑪ 为 A2:J33 单元格区域加边框。

1. 公式的使用

利用公式，可以对工作表的数值进行加、减、乘、除等运算。在输入公式时，必须以“=”开始，否则 Excel 2016 会按照数据进行处理。

打开工作簿“员工年度奖金计算表.xlsx”，单击 E4 单元格，输入公式“=D4*12*$F$2”，按 Enter 键，即可在 E4 单元格中显示计算结果，如图 4-23 所示。

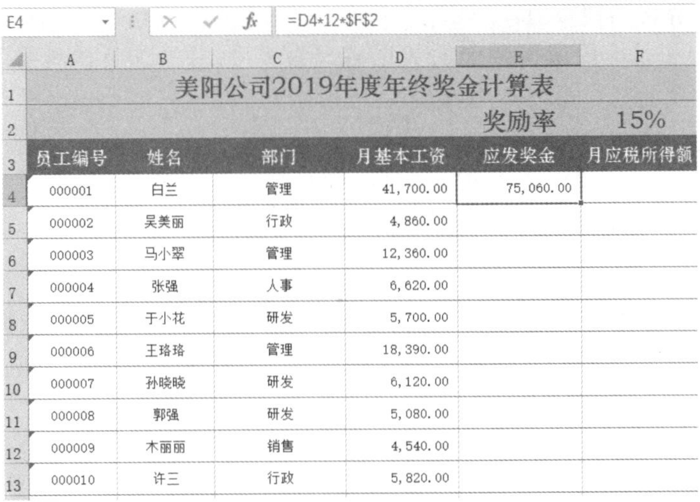

	A	B	C	D	E	F
1	美阳公司2019年度年终奖金计算表					
2					奖励率	15%
3	员工编号	姓名	部门	月基本工资	应发奖金	月应税所得额
4	000001	白兰	管理	41,700.00	75,060.00	
5	000002	吴美丽	行政	4,860.00		
6	000003	马小翠	管理	12,360.00		
7	000004	张强	人事	6,620.00		
8	000005	于小花	研发	5,700.00		
9	000006	王珞珞	管理	18,390.00		
10	000007	孙晓晓	研发	6,120.00		
11	000008	郭强	研发	5,080.00		
12	000009	木丽丽	销售	4,540.00		
13	000010	许三	行政	5,820.00		

图 4-23　公式计算

将鼠标指针指向 E4 单元格的右下角，当鼠标指针变为黑色的十字时，按住鼠标左键，向下拖动到 E13 单元格，释放鼠标后，即可在所选单元格中填充公式，如图 4-24 所示。选择 E5 单元格，此时编辑栏中显示的公式为“=D5*12*$F$2”，引用的单元格发生了变化。

E4 =D4*12*$F$2

	A	B	C	D	E	F
1	美阳公司2019年度年终奖金计算表					
2					奖励率	15%
3	员工编号	姓名	部门	月基本工资	应发奖金	月应税所得额
4	000001	白兰	管理	41,700.00	75,060.00	
5	000002	吴美丽	行政	4,860.00	8,748.00	
6	000003	马小翠	管理	12,360.00	22,248.00	
7	000004	张强	人事	6,620.00	11,916.00	
8	000005	于小花	研发	5,700.00	10,260.00	
9	000006	王琀琀	管理	18,390.00	33,102.00	
10	000007	孙晓晓	研发	6,120.00	11,016.00	
11	000008	郭强	研发	5,080.00	9,144.00	
12	000009	木丽丽	销售	4,540.00	8,172.00	
13	000010	许三	行政	5,820.00	10,476.00	

图 4-24　公式的自动填充

2. 单元格引用

单元格引用是指对工作表中单元格或单元格区域的引用，以获取公式中所使用的数值和数据。通过单元格的引用，可以在公式中使用多个单元格中的数值，也可以使用不同工作表中的数值。在引用单元格时，可以根据所求的结果使用相对引用，绝对引用的引用公式。

说明：在 E4 单元格中输入公式时，对 F2 单元格采用的是绝对引用。对 F2 单元格采用绝对引用时，需要在 F2 单元格的列标和行号前分别加一个“$”符号。在复制含有绝对引用的公式时，单元格的引用不会随着单元格地址的变化而自动调整，因此，在 E5 单元格中的公式为“=E5*12*$F$2”。

将光标定位在公式中需要绝对引用的单元格名称中，按 F4 键即可自动添加绝对地址引用符号“$”。

单击 F4 单元格，输入公式“=E4/12”后按 Enter 键，即可在 F4 单元格中显示计算结果，然后使用自动填充计算出其他数值。

设置应发奖金和月应税所得额中的数据格式为货币，并添加货币符号“￥”，保留 2 位小数。格式设置参照实验二。最终结果如图 4-25 所示。

	A	B	C	D	E	F
1	美阳公司2019年度年终奖金计算表					
2					奖励率	15%
3	员工编号	姓名	部门	月基本工资	应发奖金	月应税所得额
4	000001	白兰	管理	41,700.00	¥75,060.00	¥6,255.00
5	000002	吴美丽	行政	4,860.00	¥8,748.00	¥729.00
6	000003	马小翠	管理	12,360.00	¥22,248.00	¥1,854.00
7	000004	张强	人事	6,620.00	¥11,916.00	¥993.00
8	000005	于小花	研发	5,700.00	¥10,260.00	¥855.00
9	000006	王琀琀	管理	18,390.00	¥33,102.00	¥2,758.50
10	000007	孙晓晓	研发	6,120.00	¥11,016.00	¥918.00
11	000008	郭强	研发	5,080.00	¥9,144.00	¥762.00
12	000009	木丽丽	销售	4,540.00	¥8,172.00	¥681.00
13	000010	许三	行政	5,820.00	¥10,476.00	¥873.00

图 4-25　最终结果

3. 常用函数

Excel 2016 为用户提供了几百个定义域函数，通过这些函数可以对某个区域内的数值进行一系列运算，如数学函数、计数函数、逻辑函数、统计函数、财务函数等。

（1）SUM( ) 函数的使用。

功能：计算单元格区域中所有数值的和。

打开工作簿"统计员工培训成绩表.xlsx"，选择 G3 单元格，在"公式"选项卡"函数库"组中单击"自动求和"的向下箭头，如图 4-26 所示，选择"求和"命令后按 Enter 键，即可在 G3 单元格输入"=SUM(C3:F3)"。使用填充功能，即可计算出所有员工的总分。

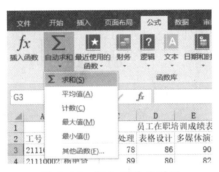

图 4-26　插入函数的引用

（2）AVERAGE( ) 函数的使用。

功能：返回其参数的算术平均值。

选择 C13 单元格，在"公式"选项卡的"函数库"组中单击"插入函数 fx"，如图 4-27 所示，弹出"插入函数"对话框，在"或选择类别"中选择"常用函数"，如图 4-28 所示，单击"选择函数"列表框中的"AVERAGE"函数，弹出"函数参数"对话框，在"Number1"中输入"C3:C12"，如图 4-29 所示，然后单击"确定"按钮，即可在 C13 单元格计算出所有数据的平均值。使用填充功能，即可计算出所有科目的平均分。

图 4-27　插入函数

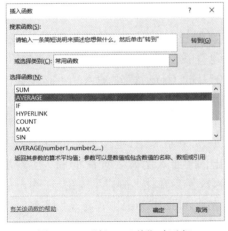

图 4-28　"插入函数"对话框

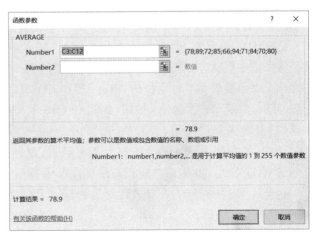

图 4-29　AVERAGE 函数参数

（3）MAX( ) 函数的使用。

功能：返回一组数值中的最大值。

选择 C14 单元格，单击"公式"→"其他函数"→"统计"→"MAX"，在弹出的"函数参数"对话框的"Number1"中输入"C3:C12"，然后单击"确定"按钮，即可在 C14 单元格计算出所有数据的最高分。使用填充功能，即可计算出每门课的最高分。

（4）MIN( ) 函数的使用。

功能：返回一组数值中的最小值。

操作方法同 MAX( )。

（5）RANK( ) 函数的使用。

功能：返回数字在一列数字中的排名。

选择 H3 单元格，单击"公式"→"插入函数 fx"，在弹出的"插入函数"对话框的"搜索函数"框中输入"rank"命令，然后单击"转到"，可快速查找到该函数，如图 4-30 所示，单击"确定"按钮，弹出"函数参数"对话框。在"Number"中输入"G3"，在"Ref"中输入"$G$3:$G$12"，如图 4-31 所示，然后单击"确定"按钮，此时在 H3 单元格中显示计算结果。使用填充功能，即可计算其他员工的名次。

图 4-30　快递查找函数

图 4-31　RANK 函数参数

（6）COUNTIF( ) 函数的使用。

功能：计算某个区域中满足给定条件的单元格数目。

选择 C16 单元格，然后单击"公式"→"插入函数"，在弹出的"插入函数"对话框的"搜索函数"框中输入"COUNTIF"命令，单击"转到"，可快速查找到该函数，单击"确定"按钮，在弹出的"函数参数"对话框的"Range"中输入"C3:C12"，在"Criteria"中输入">=85"，如图 4-32 所示，然后单击"确定"按钮，即可在 C16 单元格中显示计算结果。

（7）IF( ) 函数的使用。

功能：判断是否满足某个条件。如果满足，返回一个值；如果不满足，返回另一个值。

选择 I3 单元格，单击"公式"→"插入函数"，在弹出的"插入函数"对话框的"搜索函数"中输入"IF"命令后，单击"转到"，可快速查找到该函数，然后单击"确定"按钮，在弹出的"函数参数"对话框的"Logical_test"中输入"G3>=324"，在"Value_if_true"中输入"优秀"，在"Value_if_false"中输入"IF(G3>=290," 合格 "," 不合格 ")"，如图 4-33 所示，然后单击"确定"按钮，即可在 I3 单元格中显示"合格"。使用填充功能，即可判断其他员工是否合格。

图 4-32　COUNTIF 函数参数

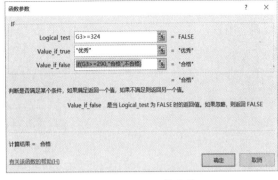

图 4-33　IF 函数参数

（8）计算优秀率。

在 H16 单元格中输入公式"=COUNTIF(I3:I12,"优秀")/COUNT(G3:G12)"，其中 COUNT( ) 函数是计算区域中包含数字的单元格的个数，因此，其参数中的单元格范围必须是数字型数据范围。

（9）MOD( ) 函数的使用。

功能：返回两数相除的余数。

实例：如果 A1=3，则函数"=MOD(A1,2)"的返回值为 1。

（10）LEFT( ) 函数的使用。

功能：从左向右取字符串函数。

实例：如果 K3= "371485197204130037"，则函数 LEFT(K3,3) 的返回函数值是"371"。

（11）RIGHT( ) 函数的使用。

功能：从右向左取字符串函数。

实例：如果 K3= "371485197204130037"，则函数 RIGHT(K3,4) 的返回函数值是"0037"。

（12）MID( ) 函数。

功能：返回文本字符串中从指定位置开始的特定数目的字符。

实例：如果 K3= "371485197204130037"，则函数 MID(K3,17,1) 的返回函数值是"3"。

4. 函数的综合应用

打开工作簿"学生奖学金信息表.xlsx"。

说明：学号的前 4 位表示年级，第 5 位、第 6 位表示学院代号，如 201201130007 中的 2012 表示年级，01 表示国际商学院；身份证号的第 17 位表示性别，其中奇数表示"男"，偶数表示"女"，第 7 ~ 10 位表示出生年份。

奖学金等级分为一等和二等，论文等级分为优秀和良好。发放标准为：奖学金等级为一等且论文为优秀者，奖学金额为 5 000 元；奖学金等级为一等且论文为良好者，奖学金额为 4 000 元；其他为 3 000 元。

（1）为表格增加标题。

① 在行号为 1 的行号上右击，在弹出的快捷菜单中选择"插入"，即可插入一空行，然后在 A1 单元格中输入"奖学金发放表"。

② 选中 A1:J1 单元格区域，单击"开始"选项卡"对齐方式"组中的"合并后居中"按钮，合并 A1:J1 单元格区域，并使标题居中显示。

③ 在行号为 1 的行号上右击,在弹出的快捷菜单中选择"行高",出现"行高"对话框,在"行高"中输入"25",如图 4-34 所示,单击"确定"按钮。

图 4-34 设置行高

④ 设置标题字号为 18,并加粗显示。

(2)填充"性别"列。

在 D3 单元格中输入公式"=IF(MOD(MID(C3,17,1),2)=0,"女","男")"并按 Enter 键,计算出当前单元格的性别,然后拖动填充柄至 D33 单元格,或者双击填充柄,计算出所有人的性别。

(3)填充"学院"列。

在 E3 单元格中输入公式"=VLOOKUP(MID(A3,5,2),学院信息 !$A$1:$B$16,2)",计算出当前单元格的学院信息,然后拖动填充柄至单元格 E33,或双击填充柄,计算出所有人的学院信息。

VLOOKUP 函数搜索某个单元格区域的第一列,然后返回该区域相同行上任何单元格中的值。其语法格式为 VLOOKUP(lookup_value,table_array,col_index_num,[range_lookup]),其中 lookup_value 表示要在单元格数据区域中的第一列搜索的值,table_array 表示包含数据的单元格区域,col_index_num 是 table_array 参数中要返回的匹配值对应的列号,range_lookup 表示精确查找还是近似匹配查找。

(4)填充"年龄"列。

在 F3 单元格中输入公式"=YEAR(NOW( ))-MID(C3,7,4)",计算出当前单元格的年龄,然后拖动填充柄至 F33 单元格,或者双击填充柄,计算出所有人的年龄信息。

(5)填充"年级"列。

在 G3 单元格中输入公式"=LEFT(A3,4)",计算出当前单元格的年级,然后拖动填充柄至单元格 G33,或者双击填充柄,计算出所有人的年级信息。

(6)填充"奖学金"列。

根据前面的奖学金发放标准,在 J3 单元格中输入公式"=IF(AND(H3="一等",I3="优秀"),5000,IF(H3="一等",4 000,3 000))",计算出当前单元格的奖学金,然后拖动填充柄至 J33 单元格,或者双击填充柄,计算出所有人的奖学金信息。

(7)计算获得奖学金的男,女生人数。

在 B35、B36 单元格中分别输入公式"=COUNTIF(D3:D33," 男 ")"和"=COUNTIF(D3:D33,"女")",计算出男生、女生的人数。

(8)计算女生获得奖学金的总额。

在 D35 单元格中输入公式"=SUMIF(D3:D33,"女",J3:J33)",计算出女生获得奖学金的总额。

SUMIF 函数是对满足条件的单元格求和,其语法格式为 SUMIF(range,criteria,sum_range),其中 range 表示要进行判断条件的单元格区域,criteria 表示条件,sum_range 表示用于求和计算的实际单元格区域。

(9)计算获得 5 000 元奖学金的人数。

在单元格 D36 中输入公式“=COUNTIF(J3:J33,5 000)”，计算出获得 5 000 元奖学金的人数。

（10）为奇数行和偶数行设置不同的填充颜色。

选中 A2:J33 单元格区域，然后单击“开始”选项卡“样式”组中的“条件格式”下拉按钮，在其下拉菜单中选择“新建规则”，弹出“新建格式规则”对话框，从中选择“使用公式确定要设置的格式的单元格”，如图 4-35 所示，然后输入公式“=MOD(ROW( ),2)=1”，单击“格式”按钮，弹出“设置单元格格式”对话框，如图 4-36 所示，选择填充颜色为橙色，按“确定”按钮返回，这样就设置好了奇数行的填充颜色。

若要设置偶数行的填充颜色，可按照上述步骤，将公式修改为“=MOD(ROW( ),2)=0”，然后选择填充颜色，单击“确定”按钮即可。

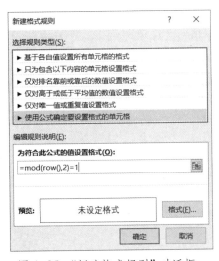

图 4-35　“新建格式规则”对话框

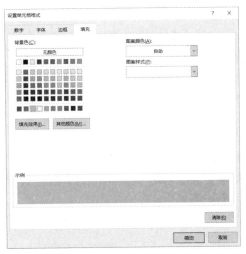

图 4-36　“设置单元格格式”对话框

（11）为表格添加表格线。

选中 A2:J33 单元格区域，然后选择“开始”选项卡“字体”组中的“所有框线”命令，其效果如图 4-37 所示。

	A	B	C	D	E	F	G	H	I	J
1	奖学金发放表									
2	学号	姓名	身份证号	性别	学院	年龄	年级	奖学金等级	论文	奖学金
3	201201130007	李鑫	******199501052535	男	国际商学院	25	2012	二等	优秀	3000
4	201209220150	杨艳贤	******199306105739	男	物理与电子科学学院	27	2012	一等	优秀	5000
5	201306010109	李可	******199303264528	女	旅游学院	27	2013	二等	优秀	3000
6	201207010406	王硕	******199412060624	女	美术学院	26	2012	一等	良好	4000
7	201309030235	高正文	******199210111948	女	物理与电子科学学院	28	2013	二等	良好	3000
8	201310030111	任妍	******199506031164	女	化学化工与材料科学学院	25	2013	二等	良好	3000
9	201311010131	葛丽	******199504070865	女	信息科学与工程学院	25	2013	一等	良好	4000
10	201113000136	徐金来	******199406200224	女	生命科学学院	26	2011	二等	良好	3000
11	201115010509	余雪	******199212074912	男	体育学院	28	2011	二等	良好	3000
12	201102230102	范忠艺	******199102104022	女	工程技术学院	29	2011	二等	优秀	3000
13	201203610126	李嵋	******199410302068	女	外国语学院	26	2012	二等	良好	3000
14	201204230101	杜俊儒	******199605072545	女	教育学院	24	2012	一等	优秀	5000
15	201205610124	张玲玲	******199511122817	男	旅游学院	25	2012	二等	优秀	3000
16	201205610130	刘银彬	******199408026928	女	旅游学院	26	2012	二等	优秀	3000
17	201206410103	王永光	******199501280758	男	音乐学院	25	2012	二等	良好	3000
18	201206410104	刘杰	******199303040714	男	音乐学院	27	2012	二等	优秀	3000
19	201206410105	梁景丽	******199201140826	女	音乐学院	28	2012	二等	优秀	3000
20	201207140101	刘娟	******199309242925	女	美术学院	27	2012	二等	优秀	3000
21	201207140102	董桦	******199211293368	女	美术学院	28	2012	二等	良好	3000
22	201208140103	赵葆光	******199105125922	女	数学科学学院	29	2012	二等	良好	3000
23	201209410101	赵子雄	******199411071014	男	物理与电子科学学院	26	2012	二等	优秀	3000
24	201209410102	陆清平	******199207100970	男	物理与电子科学学院	28	2012	一等	优秀	5000
25	201201150104	赵可忠	******199507103330	男	国际商学院	25	2012	二等	优秀	3000
26	201301150106	李天标	******199408230023	女	国际商学院	26	2013	一等	优秀	5000
27	201302400101	李航	******199610030020	女	工程技术学院	24	2013	二等	优秀	3000
28	201302400102	胡廷	******199502251022	女	工程技术学院	25	2013	一等	优秀	5000
29	201303610102	赵三丰	******199302163858	男	外国语学院	27	2013	二等	良好	3000
30	201304210104	王振才	******199405040323	女	教育学院	26	2013	二等	良好	3000
31	201312610105	孙小韵	******19940202142X	女	传媒学院	26	2013	二等	良好	3000
32	201410220111	赵聪慧	******199505310529	女	化学化工与材料科学学院	25	2014	一等	良好	4000
33	201414220110	姜宁宁	******199512286022	女	人口、资源与环境学院	25	2014	一等	良好	4000
34										
35	男生人数	10	女生获得奖学金总额	73000						
36	女生人数	21	获得5000元奖学金的人数	5						

图 4-37　学生奖学金信息表的效果

任务实施

打开实验素材"图书销售统计表.xlsx",按要求进行如下操作:

(1)在"订单明细"工作表中,在表格的最上方插入一行,输入文字"图书销售统计表"作为表格标题,并使其相对表格居中;将第一行的行高设置为35,字体设置为黑体,16磅。

(2)在"订单明细"工作表中,删除订单编号重复的记录(保留第一次出现的那条记录),但须保持原订单明细的记录顺序。

(3)在"订单明细"工作表的"单价"列中,利用VLOOKUP公式计算并填写相对应图书的单价金额。图书名称与图书单价的对应关系可参考"图书定价"工作表。

(4)每笔订单的图书销量超过40本(含40本)时,按照图书单价的9.3折进行销售,否则按照图书单价的原价进行销售。按照此规则,计算并填写"订单明细"工作表中每笔订单的"销售额小计"。

(5)根据"订单明细"工作表中的"发货地址"列信息,并参考"城市对照"工作表中省市与销售区域的对应关系,计算并填写"订单明细"工作表中每笔订单的"所属区域"。

(6)在"统计报告"工作表中,分别根据"统计项目"列的描述,计算并填写所对应的"统计数据"单元格中的信息。

(7)在"订单明细"工作表中,为数据区域的偶数行填充浅蓝色。

(8)在"订单明细"工作表中,为所有数据区域添加边框线。

(9)原名保存文档。

任务四 数据管理与分析

任务描述

小郭在一家超市做销售经理,他想对每天的销售数据进行分类统计及筛选,但他自己又不熟练,为此他找懂计算机的小赵帮忙。

任务目的

(1)掌握数据的排序、筛选等操作方法。
(2)掌握对数据清单进行分类汇总的操作方法。
(3)掌握创建数据透视表、数据透视图的操作方法。

技能储备

打开"学生成绩表.xlsx",根据提供的实验素材进行排序、筛选、分类汇总等操作。

(1)利用函数求和。

(2)利用记录单浏览记录,添加"工程、大三、王兴、男、85、70、95"的记录,删除"赵波"的记录。

（3）按总分降序排序。

（4）在 Sheet2 工作表中按系别降序排序，系别相同的情况下，按年级升序排序。

（5）在 Sheet3 工作表中按性别对总分进行汇总求和。

（6）在 Sheet4 工作表中筛选出系别为计算机，且高数大于或等于 80 的学生记录。

（7）在 Sheet5 工作表中筛选出系别为计算机，或者高数成绩大于或等于 80 的学生记录。

打开"订单明细.xlsx"，根据提供的实验素材进行相关操作。

（1）根据"订单明细"工作表中的销售记录，创建名为"北区"的工作表。在这个工作表中，统计本销售区域各类图书的累计销售金额，统计格式参考图 4-38。

图 4-38　统计样例

（2）将这个工作表中的金额设置为带千分位、保留两位小数的数值格式。

1. 打开"学生成绩表.xlsx"，进行相关操作

打开"学生成绩表.xlsx"，在 H3 单元格中输入函数"=SUM(E3:G3)"，其他行采用自动填充，如图 4-39 所示。

把 Sheet1 的数据分别复制到 Sheet2、Sheet3、Sheet4、Sheet5 中待用。

（1）利用"记录单"对话框，对 Sheet1 中的数据进行浏览、添加、删除等操作。

① 在 Sheet1 中选中 A2:H16 单元格区域，或单击选中 A2:H16 单元格区域中的任意一个单元格。

图 4-39　学生成绩表

② 单击"文件"选项卡中的"选项"按钮，打开"Excel 选项"对话框，在左侧窗格中选择"自定义功能区"，在"从下列位置选择命令"下拉列表框中选择"不在功能区中的命令"，并从下面的列表框中选择"记录单"，单击"新建组"按钮，如图 4-40 所示，再单击"添加"按钮，最后单击"确定"按钮，将"记录单"按钮添加到自定义的"新建组"中。

图 4-40　添加记录单

③ 单击"开始"选项卡"新建组"中的"记录单"命令,在打开的"记录单"对话框中单击"下一条""上一条",查看数据清单中的每一条记录,也可以通过拖动垂直滚动条查看数据清单中的记录。

④ 单击"记录单"对话框中的"新建"按钮,在文本框中依次输入"工程"(系别)、"大三"(年级)、"王兴"(姓名)、"男"(性别)、"85"(高数)、"70"(英语)、"95"(计算机文化基础),然后单击"关闭"按钮,即可添加一条新记录。回到数据清单中观察记录的添加情况,并留意新记录"总分"的数据项。

⑤ 在"记录单"对话框中选择浏览姓名为"赵波"的记录,然后单击"删除"按钮将其删除。

(2)对 Sheet1 中的数据按总分排序。

在 Sheet1 中,单击数据清单中的"总分"列的任意一个单元格,然后单击"数据"选项卡"排序和筛选"组中的"降序"按钮,对数据清单中的数据按总分降序进行排序。

(3)对 Sheet2 中的数据先按系别进行降序排序,系别相同的情况下,再按年级升序排序。

在 Sheet2 中,选择数据清单中的"系别"列的任一单元格,单击"数据"选项卡"排序和筛选"组中的"排序"命令,打开"排序"对话框。在"列"下方的"主要关键字"下拉列表框中选择"系别",在"次序"下方的下拉列表框中选择"降序",然后单击"添加条件"按钮添加"次要关键字",在"次要关键字"行中分别选择"年级""升序",如图 4-41 所示,最后单击"确定"按钮。

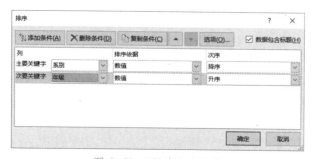

图 4-41　"排序"对话框

（4）将"学生成绩表"按性别分类汇总。

① 打开 Sheet3，单击 D2：D16 单元格区域中的任意一个单元格，然后单击"数据"选项卡"排序和筛选"组中的"降序"或"升序"按钮，对数据清单中的数据按性别进行排序。

② 单击"数据"选项卡"分级显示"组中的"分类汇总"按钮，弹出"分类汇总"对话框。在"分类字段"下拉列表框中选择"性别"，在"汇总方式"下拉列表框中选择"求和"，在"选定汇总项"列表框中选中"总分"。因为要将汇总结果显示在数据表的下面，所以选中"汇总结果显示在数据下方"复选框，如图 4-42 所示。

③ 单击"确定"按钮，得到图 4-43 所示的结果。

图 4-42　"分类汇总"对话框　　　　　图 4-43　分类汇总结果

（5）对 Sheet4 中的数据清单进行自动筛选操作。

① 单击 Sheet4 的数据清单中的任意一个单元格，然后单击"数据"选项卡"排序和筛选"组中的"筛选"按钮，观察数据清单的变化。

② 单击 A2 单元格的下拉箭头，只选择"计算机"，数据即按照系别为"计算机"的条件对记录进行筛选。

③ 单击 E2 单元格的下拉箭头，然后单击"数字筛选"级联菜单中的"大于或等于"命令，在弹出的"自定义自动筛选方式"对话框中选择"大于或等于"，在文本框中输入"80"，单击"确定"按钮，筛选出高数成绩大于或等于 80 的记录。

（6）对 Sheet5 中的数据清单进行高级筛选。

① 单击 A19 单元格，输入"系别"，然后单击 B19 单元格，输入"高数"，再单击 A20 单元格，输入"计算机"，最后单击 B21 单元格，输入"＞＝ 80"，如图 4-44 所示。

② 选中数据清单中的任意一个单元格，然后单击"数据"选项卡"排序和筛选"组中的"高级"，在弹出的"高级筛选"对话框中按照图 4-45 所示进行设置。

③ 单击"确定"按钮，筛选出"系别"为"计算机"或"高数"成绩"＞＝ 80"的记录，注意观察与上一题结果的区别。

图 4-44　输入高级筛选条件

图 4-45　"高级筛选"对话框

2. 打开"订单明细 .xlsx"，进行相关操作

（1）创建数据透视表。

① 单击任意一个数据单元格，然后单击"插入"选项卡"表格"组中的"数据透视表"，在弹出的"创建数据透视表"对话框中进行图 4-46 所示的设置。

② 单击"确定"按钮，即可创建一个新的工作表"Sheet1"，同时在该工作表的右侧弹出一个"数据透视表字段"对话框。

③ 在"数据透视表字段"对话框中，将"所属区域"字段拖拽到"列"布局中，将"图书名称"字段拖拽到"行"布局中，将"销售额小计"字段拖拽到"值"布局中，如图 4-47 所示。同时，在工作表中即生成一个数据透视表。

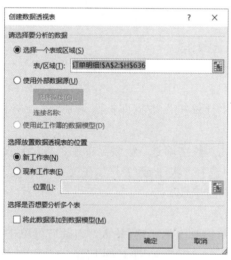

图 4-46　创建数据透视表

图 4-47　字段设置

④ 单击数据透视表中的"列标签"下拉箭头，在区域中只勾选"北区"，如图 4-48 所示，单击"确定"按钮。

⑤ 单击数据透视表中的任意一个数据单元格，然后单击"设计"选项卡"布局"组中的"总计"下拉箭头，选择"仅对列启用"命令，即可达到所要求的效果。

⑥ 删除第 1 行和第 2 行,并将 Sheet1 改名为"北区"。

(2)将这个工作表中的金额设置为带千分位、保留两位小数的数值格式。

选择 B3:B20 单元格区域,单击"开始"选项卡"数字"组中的下拉箭头,在弹出的"设置单元格格式"对话框中,将"分类"选择"数值","小数位数"选择"2",勾选"使用千位分隔符",如图 4-49 所示,单击"确定"完成设置。

图 4-48　列标签选择

图 4-49　"设置单元格格式"对话框

任务实施

打开实验素材"员工工资表.xlsx",完成以下任务:

(1)合并 A1:J1 单元格,将标题相对于表格居中,标题字体设置为黑体、20 磅、红色。

(2)在 Sheet1 中计算实发工资,其中实发工资=应发工资-所得税。

(3)将 Sheet1 中的数据复制到 Sheet2、Sheet3、Sheet4、Sheet5 中。

(4)在 Sheet1 中,将实发工资由多到少降序排序,实发工资相同时按基本工资升序排序。

(5)在 Sheet2 中,筛选出"学历"为"本科"记录。

(6)在 Sheet3 中,利用自定义筛选,筛选出基本工资大于或等于"4 000",或者小于或等于"3 000"的记录。

(7)在 Sheet4 中,利用高级筛选,筛选出"性别"为"男",且"学历"为"本科"或"研究生"的记录,并将筛选出来的记录置于以 A18 单元格为起始的单元格区域中。

(8)在 Sheet5 中,按部门汇总实发工资的总额,并只显示汇总行。

任务五　数据图表化

任务描述

年底了,销售经理小郭要做一份今年的销售总结,在描述具体的数据时,他想用一个图表来表示,以便更直观地显示。为此,他又找到了好朋友小赵帮忙。

任 务 目 的

（1）掌握图表的建立方法。

（2）掌握图表的编辑方法。

技 能 储 备

打开实验素材文件"家电销售统计表.xlsx"，根据要求进行图表的练习操作。

（1）为A2:G6单元格区域创建簇状柱形图。

（2）将图表样式设置为"样式14"。

（3）将图例置于图表右侧，并设置数值轴的主要刻度为50，图表标题为"家电销售统计"，绘图区填充为"纯色填充，茶色，背景2"。

（4）将图表放到适当位置。

（5）为各个品牌创建折线图的迷你图。

（6）为各个月份创建柱形图的迷你图。

1. 建立图表

（1）选择创建图表的数据区域A2:G6。

（2）单击"插入"选项卡"图表"组中的向下箭头，打开图4-50所示的对话框。也可在图表组中选择要创建的图表类型。

（3）在"插入图表"对话框中选择"所有图表"选项卡，然后选择"柱形图"中的"簇状柱形图"，再选择簇状柱形图中的第二种类型，最后单击"确定"按钮，即可插入图表，如图4-51所示。

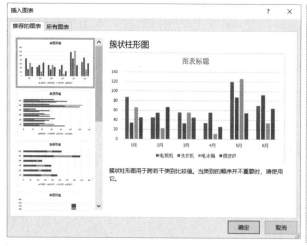

图 4-50 "插入图表"对话框

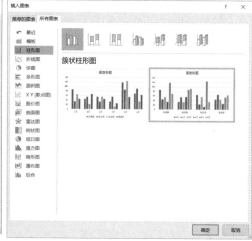

图 4-51 创建图表

（4）选中图表，单击"图表工具/设计"选项卡"数据"组中的"切换行/列"命令，实现行/列的切换，如图4-52所示。

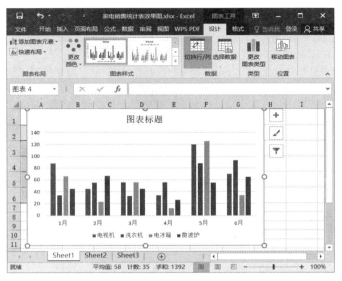

图 4-52 切换行 / 列

（5）在"数据"组中单击"选择数据"按钮，打开"选择数据源"对话框，如图 4-53 所示，可以实现对"图例项（系列）"和"水平（分类）轴标签"进行添加、编辑、删除的操作。单击"添加"按钮，打开"编辑数据系列"对话框，如图 4-54 所示，在"系列名称"中选择要添加的字段名，在"系列值"中选取字段名所对应的数据区域，然后单击"确定"按钮，即可实现图表中数据的添加。

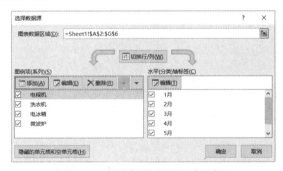

图 4-53 "选择数据源"对话框

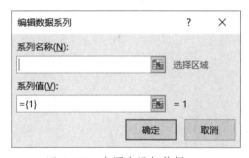

图 4-54 向图表添加数据

（6）根据情况，用户可以使用"图表工具 / 设计"和"图表工具 / 格式"进行相应的编辑，如更改图表类型、添加图表标题、修改图表中的数据、设置图例的位置、移动嵌入式图表和改变其大小等，如图 4-55 所示。

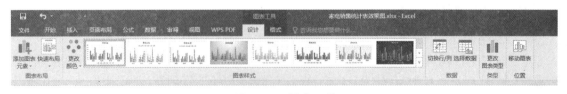

图 4-55 图表工具

（7）选中图表，单击"图表工具 / 设计"选项卡"图表样式"组中的向下箭头，选择"样式 14"，如图 4-56 所示。

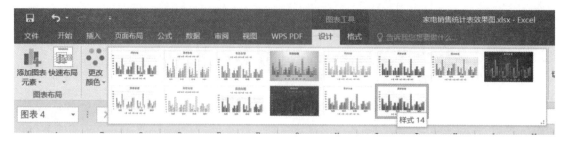

图 4-56　图表样式

2. 格式化图表

可以对图表中的标题、图例、分类轴、网格线或数据系列等任一部分设置格式。选中要格式化的部分,右击,在出现的快捷菜单中选择对应的格式设置选项(一般为右键快捷菜单的最下方)。例如,在图例上右击,会出现设置图例格式选项,选择后,将打开"设置图例格式"对话框,或者双击要格式化的部分,也可以打开"设置图例格式"对话框。

(1)双击图例,打开"设置图例格式"对话框,将图例位置设为"靠右",如图 4-57 所示。

(2)双击数值轴,打开"设置坐标轴格式"对话框,将主要刻度设为"50",如图 4-58 所示。

(3)单击图表标题,选中后即可更改为"家电销售统计"。

(4)双击绘图区域,打开"设置绘图区格式"对话框,选择"填充"为"纯色填充","颜色"为"茶色,背景 2",如图 4-59 所示。

图 4-57　设置图例格式

图 4-58　设置坐标轴格式

图 4-59　设置绘图区格式

3. 移动图表

用鼠标拖动图表到 A10 开始的单元格区域。

4. 创建迷你图

选中 H3 单元格,单击"插入"选项卡"迷你图"组中的"折线图"按钮,弹出"创建迷你图"对话框,然后选择数据范围"B3:G3",单击"确定"按钮即可创建迷你图,如图 4-60 所示,然后用自动填充方式为其他电器创建折线图。

5. 创建柱形图

创建柱形图的方法同上,最终结果如图 4-61 所示。

图 4-60　创建迷你图

	A	B	C	D	E	F	G	H
1	家电销售统计表							
2	品名	1月	2月	3月	4月	5月	6月	
3	电视机	88	45	56	34	120	70	
4	洗衣机	34	55	33	56	88	93	
5	电冰箱	66	23	56	12	126	34	
6	微波炉	45	67	45	26	55	65	
7								

图 4-61　效果图

用户可以根据实际情况,单击任意一个创建好的迷你图,在对应的"设计"选项卡中对该迷你图进行格式设置。

用图表可将处理好的工作数据以生动、直观的形式表现出来,这种方式更加方便人们阅读信息。

任务实施

打开实验素材"图书销售表. xlsx",在 Sheet1 工作表中完成以下任务:

(1)根据"图书销售表",创建"图书分类销售情况比例图","图表类型"为"饼图"。

(2)将图表标题修改为"图书分类销售情况比例图"。

(3)在图表中显示"类别名称"和"值"。

(4)移动图表位置至 A10:F26 单元格区域,并改变其大小。

(5)将图例置于图表的右侧。

(6)设置边框"颜色"为"橙色","外部阴影"为"右下斜偏移","填充效果"为"纹理:花束"。最终效果如图 4-62 所示。

图 4-62　最终效果

任务六　文档的编排与打印

任务描述

小刘需要将年底总结打印出来交给总经理,在打印前要进行页面设置等操作。

任 务 目 的

通过本实验,掌握页面设置、打印预览及工作表打印等的操作方法。

技 能 储 备

打开"消费调查表.xlsx",根据提供的实验素材进行相关操作。

(1)设置页边距:上、下边距为2厘米,左、右边距为1.8厘米,页眉、页脚距边界的距离均为1.3厘米,水平居中。

(2)纸张为A4,纸张方向为纵向,并将表格显示在1页上。

(3)页眉为"消费调查表";页脚左侧显示"制表人:王鑫",中间显示"第×页,共 ×页",右侧显示"制作日期:××"。

(4)将表格的第1行和第2行设置为每页均打印。

1. 设置页边距

单击"页面布局"选项卡"页面设置"组中的"页边距",选择"自定义边距",在弹出的"页面设置"对话框中,将上、下边距分别设置为2厘米,左、右边距分别设置为1.8厘米;页眉、页脚分别设置为1.3厘米;在"居中方式"选项区中,选择"水平"复选项,如图4-63所示。

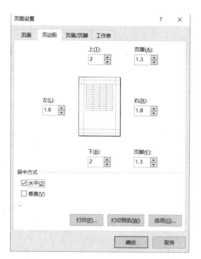

图 4-63 "页面设置"对话框

2. 设置页面

单击"页面布局"选项卡"页面设置"组中的"纸张大小",选择"A4";单击"纸张方向",选择"纵向";在"调整为合适大小"组中,将"宽度"选为"1页"。

3. 设置页眉和页脚

单击"页面布局"选项卡"页面设置"组右下角的 ⌐ 按钮,打开"页面设置"对话框,切换至"页眉 / 页脚"选项卡,进行以下设置:

(1)单击"自定义页眉"按钮,在出现的"页眉"对话框中,将"中"文本框中输入文字"消费调查表"。

（2）单击"自定义页脚"按钮，在出现的"页脚"对话框中，将"左"文本框中输入文字"制表人：王鑫"。

（3）在"中"文本框中输入文字"第页，共页"，然后将光标移到"第"的后面，单击对话框中的"页码"按钮，再将光标移到"共"的后面，单击对话框中的"总页数"按钮。

（4）在"右"文本框中输入文字"制表日期："，然后单击对话框中的"日期"按钮，插入当前日期，如图 4-64 所示。

图 4-64　自定义页脚

（6）设置完毕后，单击"确定"按钮。

4. 设置工作表

切换至"工作表"选项卡，进行相关设置。

（1）选择打印区域 A1:F32。

（2）设置打印标题：工作数据有若干页，想让标题出现在每一页上，就要设置打印标题。这里选择"打印标题"区中的"顶端标题行"为"$1:$2"，如图 4-65 所示。

（3）单击"确定"按钮。

图 4-65　设置打印标题行

5. 打印

（1）单击"文件"选项卡，选择"打印"，如图 4-66 所示。

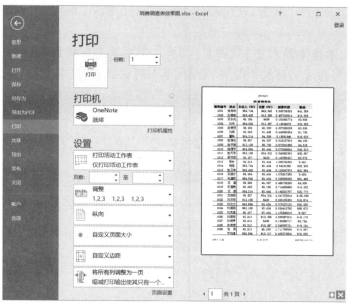

图 4-66　打印工作表

（2）设置好打印份数，选择好打印机，单击"打印"按钮。

6. 工作簿的保护

单击"文件"→"另存为"→"浏览"，在弹出的对话框中单击"工具"按钮，选择"常规选项"，在弹出的"常规选项"对话框中设置打开密码和修改密码，如图 4-67 所示。

图 4-67　常规选项

任务实施

打开实验素材"工资明细表.xlsx"，完成以下任务：

（1）将页边距的上、下设置为 3，左、右设置为 1.5，居中方式为水平。

（2）设置标题行行高为 30，其余行高为 25。

（3）自定义页眉为"3 月份工资表"，并将这几个字设置为隶书，大小为 12。

（4）设置页脚为"第 × 页，共 × 页"，在右侧显示。

（5）将表头所在的第 1 行、第 2 行作为顶端标题行。

（6）将表格中的列数据全部在一页中显示。

（7）将打印区域设置为 A1：J16。

扫一扫

任务七　Excel 2016 综合实验

任务描述

马上要开始计算机等级考试了，小刘最近都在抓紧时间复习计算机等级考试习题，他找了一份关于 Excel 2016 的操作习题。

任 务 目 的

（1）掌握工作表的格式设置、页面设置。

（2）掌握公式函数的使用、数据分析与管理。

（3）掌握图标的创建与编辑。

技 能 储 备

打开"学院工资表.xlsx"，在 Sheet1 工作表中进行工作表的页面设置、图表制作、使用公式和函数计算、分析数据等操作。

（1）将"出生日期"列的格式设置为"2001 年 3 月 14 日"，"基本工资"列保留 1 位小数。

（2）将工作表的所有单元格设置为水平居中、垂直居中对齐，字号为 16 磅；设置第一行字体为华文楷体，字号为 20 磅；将行高、列宽调整为适合的行高、列宽。

（3）求应发工资（应发工资＝基本工资＋薪级工资＋补贴＋房贴），保留 1 位小数。

（4）在"姓名"列前增加"职工编号"列，并填充 0581001 ～ 0581015 的职工编号；在"基本工资"列前增加"部门名称"列，并添加部门名称。

（5）计算公积金和税金。公积金是基本工资的 6％，税金的计算方法为：应发工资超过 3 500 元的，按照超出部分的 3％缴纳税金，不超过 3 500 元的不缴纳税金。

（6）计算实发工资（实发工资＝应发工资－公积金－税金）。

（7）求基本工资、薪级工资、应发工资、实发工资的总和、平均值。

（8）设置第一行为表格标题（相对表格居中），列标题的底纹为"茶色，背景 2，深色 10％"，并给表格加单细内边框线，其中外边框线为双线，"合计"行为"白色，背景 1，深色 15％"。

（9）纸张和页边距：横向打印上、下页边距为 1.9 厘米，左、右页边距为 1.5 厘米。

（10）设置页眉为学院工资表和打印日期，页脚为当前页和总页数，格式为"第×页，共×页"。

（11）按基本工资降序排序，基本工资相同的情况下，按薪级工资降序排序。

（12）用红色字体显示实发工资大于 4 000 元的数据。

（13）根据前 6 名职工的基本工资和薪级工资创建簇状柱形图，在薪级工资图上添加数据标签，并将基本工资的图表类型改为带有数据标志的折线图；调整图表位置到 A24 单元格。

（14）按部门对基本工资、薪级工资、实发工资进行分类汇总。

打开素材"学院工资表.xlsx"。

1. 设置数据格式

将日期型数据设置为"2001 年 3 月 14 日"格式，"基本工资"列设置为小数点位数为 1 位。

（1）日期格式的设定：拖动选定 D3：D17 单元格区域，在"开始"选项卡的"数字"组中单击日期右边的箭头，在下拉列表中选中"长日期"。

（2）"基本工资列"的设置：拖动选定 F3：F17 单元格区域，在"开始"选项卡的"数字"组中单击一次"增加小数位数"即可（每单击一次"增加小数位数"按钮，增加 1 位小数）。

2. 对工作表进行设置

将整个工作表的所有单元格设置为水平居中、垂直居中对齐，字号为 16 磅；设置第一行字体为华文楷体,字号为 20 磅。适当调整行高和列宽。

(1)整个表格对齐方式、字号的设置:单击"全选"按钮选中整个工作表,在"开始"选项卡的"对齐方式"组中选择"垂直居中"和"居中"。

(2)字体的设置:在"开始"选项卡的"字体"组中设置字号为 16 磅;选择 A1 单元格,设置字体为华文楷体,字号为 20 磅。

(3)选中 A1:M17 单元格区域,单击"开始"选项卡"单元格"组中的"格式",在出现的下拉菜单中选择"自动调整行高""自动调整列宽",效果如图 4-68 所示。

图 4-68　格式化的效果

3. 计算应发工资

单击 J3 单元格,输入公式"=F3+G3+H3+I3"后按 Enter 键,利用自动填充功能将公式复制到 J4:J17 单元格区域;选中 J3:J17 区域,在"开始"选项卡的"数字"组中单击一次"增加小数位数",即可设置保留 1 位小数,如图 4-69 所示。

图 4-69　应发工资

4. 增加列

增加列:在"姓名"列前增加"职工编号"列,在"基本工资"列前增加"部门名称"列。

单击"姓名"列的列标,在"开始"选项卡的"单元格"组中单击"插入",插入一列,在 B2 单元格中输入"职工编号";单击"基本工资"列的列标,在"开始"选项卡的"单元格"组中单击"插入",在 G2 单元格中输入"部门名称"。

自动填充数据：在"职工编号"列中填充 0581001～0581015 的职工编号,在"部门名称"列中添加部门名称。在 B3 单元格中输入"'0581001",然后鼠标指向 B3 单元格的右下角,当出现黑色的十字形时,拖动鼠标到 B17 单元格,完成编号的输入。在"部门名称"列输入相关内容,结果如图 4-70 所示。

序号	职工编号	姓名	性别	出生日期	职称	部门名称	基本工资	薪级工资	补贴	房贴	应发工资	公积金	税金	实发工资
2004011	0581001	李鑫	男	1960年3月22日	教授	会计系	4800.0	640	474	473	6387.0			
2004012	0581002	杨艳贤	女	1968年4月14日	讲师	会计系	2445.0	340	261	285	3331.0			
2004013	0581003	李可	女	1958年9月24日	副教授	外语系	3200.0	450	380	379	4409.0			
2004014	0581004	王硕	男	1970年3月10日	讲师	会计系	2445.0	340	267	283	3335.0			
2004015	0581005	高正文	女	1976年8月18日	讲师	会计系	2445.0	340	270	293	3348.0			
2004016	0581006	任研	女	1957年9月9日	教授	会计系	4800.0	640	491	482	6413.0			
2004017	0581007	葛丽	男	1977年4月5日	讲师	外语系	2445.0	440	273	276	3434.0			
2004018	0581008	徐金来	男	1977年4月27日	讲师	外语系	2445.0	440	293	284	3462.0			
2004019	0581009	余雪	女	1962年3月6日	副教授	中文系	3200.0	450	385	372	4407.0			
2004020	0581010	范中艺	女	1978年4月16日	讲师	中文系	2445.0	440	282	263	3430.0			
2004021	0581011	王喜	女	1978年6月28日	讲师	外语系	2445.0	440	283	290	3458.0			
2004022	0581012	张凤喜	女	1978年8月12日	副县长	外语系	3200.0	490	309	265	4264.0			
2004023	0581013	李莉	男	1979年8月16日	讲师	中文系	2445.0	490	279	282	3496.0			
2004024	0581014	张一林	男	1962年3月18日	副教授	中文系	3200.0	540	490	398	4628.0			
2004025	0581015	江志豪	男	1979年11月12日	讲师	会计系	2445.0	490	276	270	3481.0			

图 4-70 增加列

5. 计算公积金和税金

公积金的计算公式：公积金 = 基本工资×6%。在 M3 单元格中输入公式"=H3*6%",计算出公积金,再把公式复制填充到 M4:M17 单元格区域。

税金的计算方法：应发工资超过 3 500 元的,按照超出部分的 3% 缴纳税金,不超过 3 500 元的不缴纳税金。在 N3 单元格中输入公式"=IF(L3<3 500,0,(L3-3 500)*3%)",输入完毕,把公式复制填充到 N4:N17 单元格区域,结果如图 4-71 所示。

序号	职工编号	姓名	性别	出生日期	职称	部门名称	基本工资	薪级工资	补贴	房贴	应发工资	公积金	税金	实发工资
2004011	0581001	李鑫	男	1960年3月22日	教授	会计系	4800.0	640	474	473	6387.0	288	86.6	
2004012	0581002	杨艳贤	女	1968年4月14日	讲师	会计系	2445.0	340	261	285	3331.0	146.7	0	
2004013	0581003	李可	女	1958年9月24日	副教授	外语系	3200.0	450	380	379	4409.0	192	27.3	
2004014	0581004	王硕	男	1970年3月10日	讲师	会计系	2445.0	340	267	283	3335.0	146.7	0	
2004015	0581005	高正文	女	1976年8月18日	讲师	会计系	2445.0	340	270	293	3348.0	146.7	0	
2004016	0581006	任研	女	1957年9月9日	教授	会计系	4800.0	640	491	482	6413.0	288	87.4	
2004017	0581007	葛丽	男	1977年4月5日	讲师	外语系	2445.0	440	273	276	3434.0	146.7	0	
2004018	0581008	徐金来	男	1977年4月27日	讲师	外语系	2445.0	440	293	284	3462.0	146.7	0	
2004019	0581009	余雪	女	1962年3月6日	副教授	中文系	3200.0	450	385	372	4407.0	192	27.2	
2004020	0581010	范中艺	女	1978年4月16日	讲师	中文系	2445.0	440	282	263	3430.0	146.7	0	
2004021	0581011	王喜	女	1978年6月28日	讲师	外语系	2445.0	440	283	290	3458.0	146.7	0	
2004022	0581012	张凤喜	女	1978年8月12日	副县长	外语系	3200.0	490	309	265	4264.0	192	22.9	
2004023	0581013	李莉	男	1979年8月16日	讲师	中文系	2445.0	490	279	282	3496.0	146.7	0	
2004024	0581014	张一林	男	1962年3月18日	副教授	中文系	3200.0	540	490	398	4628.0	192	33.8	
2004025	0581015	江志豪	男	1979年11月12日	讲师	会计系	2445.0	490	276	270	3481.0	146.7	0	

图 4-71 公式和函数的应用

6. 计算实发工资

公式：实发工资 = 应发工资 - 公积金 - 税金。

在 O3 单元格中输入公式"=L3-M3-N3",输入完毕后,把公式复制填充到 O4:O17 单元格区域。

7. 计算基本工资,薪级工资,应发工资,实发工资的合计、平均值

在 H18 单元格中输入公式"=SUM(H3:H17)",求出基本工资的总和,然后把公式复制到其他相应的位置上,求出薪级工资、应发工资、实发工资的合计。在 H19 单元格中输入公式"=AVERAGE(H3:H17)",求出基本工资的平均值,然后把公式复制到其他相应的位置,计算薪

级工资、应发工资、实发工资的平均值，结果如图4-72所示。

图4-72 公式计算

8.对表格进行设置

设置第一行为表格标题（相对于表格居中），列标题的底纹为"茶色，背景2，深色10％"，并给表格加细边框线，其中下边框线为双线，"合计"行为"白色，背景1，深色15％"。

（1）选择A1:O1单元格区域，单击"开始"选项卡"对齐方式"组中的"合并后居中"按钮。

（2）设置列标题的底纹：选择A2:O2单元格区域，单击"开始"选项卡"字体"组中的 的向下箭头，在出现的下拉菜单中选择"茶色，背景2，深色10％"。

（3）给表格加边框：选择A1:O19单元格区域，单击"开始"选项卡"字体"组中的 的向下箭头，在出现的下拉菜单中选择"其他边框"，弹出"设置单元格格式"对话框，在"样式"中选择"双线"，然后单击"预置"中的"外边框"添加外边框线，之后在"样式"中选择"单线"，再单击"预置"中的"内部"添加内框线，最后单击"确定"按钮。

（4）"合计"行的行底纹颜色操作步骤同（2），效果如图4-73所示。

图4-73 边框和底纹

9.设置纸张和页边距

设置横向打印，上、下页边距为1.9厘米，左、右页边距为1.5厘米。

在"页面布局"选项卡的"页面设置"组中单击右下角的对话框启动器，如图4-74所示。打开"页面设置"对话框，在"页面"选项卡中选择"方向"为"横向"；切换至"页边距"选项卡，设置上、下页边距为1.9厘米，左、右页边距为1.5厘米。

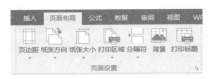

图 4-74　页面设置

10. 设置页眉和页脚

设置页眉为“学院工资表”和打印日期，页脚为当前页和总页数，格式为“第 × 页，共 × 页”。

在“页面设置”对话框的“页眉 / 页脚”选项卡中单击“自定义页眉”，弹出“页眉”对话框，在中间栏中输入“学院工资表”，右栏中选择“插入日期”，单击“确定”按钮；在“页眉 / 页脚”选项卡的“页脚”下拉列表框中选择“第 1 页，共 ? 页”，然后单击“打印预览”按钮，预览效果如图 4-75 所示。

学院工资表　　2020/3/9

工资明细表

序号	职工编号	姓名	性别	出生日期	职称	部门名称	基本工资
2004011	0581001	李鑫	男	1960年3月22日	教授	会计系	4800.0
2004012	0581002	杨艳贤	女	1968年4月14日	讲师	会计系	2445.0
2004013	0581003	李可	女	1958年9月24日	副教授	外语系	3200.0
2004014	0581004	王硕	男	1970年3月10日	讲师	会计系	2445.0
2004015	0581005	高正文	女	1976年8月18日	讲师	会计系	2445.0
2004016	0581006	任研	女	1957年9月9日	教授	会计系	4800.0
2004017	0581007	蔺丽	男	1977年4月5日	讲师	外语系	2445.0
2004018	0581008	徐金来	男	1977年4月27日	讲师	外语系	2445.0
2004019	0581009	余雪	女	1962年3月6日	副教授	中文系	3200.0
2004020	0581010	范中艺	女	1978年4月16日	讲师	中文系	2445.0
2004021	0581011	王喜	女	1978年6月28日	讲师	外语系	2445.0
2004022	0581012	张凤喜	女	1978年8月12日	副县长	外语系	3200.0
2004023	0581013	李莉	男	1979年8月16日	讲师	中文系	2445.0
2004024	0581014	张一林	男	1962年3月18日	副教授	中文系	3200.0
2004025	0581015	江志豪	男	1979年11月12日	讲师	会计系	2445.0
	合计						44405.0
	平均						2960.3

第 1 页，共 2 页

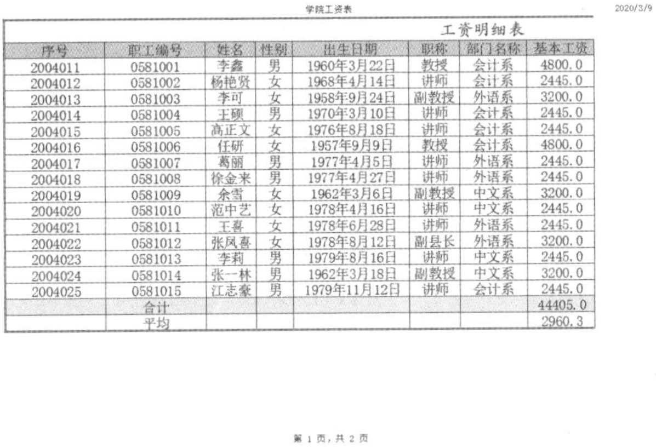

图 4-75　打印预览

11. 按基本工资降序排序，基本工资相同时，按薪级工资降序排序

选择 A2:O17 单元格区域，单击“数据”选项卡“排序和筛选”组中的“排序”，打开“排序”对话框。选择“主要关键字”为“基本工资”，“排序依据”为“数值”，“次序”为“降序”，然后单击“添加条件”按钮，选择“次要关键字”为“薪级工资”，“排序依据”为“数值”，“次序”为“降序”，如图 4-76 所示。

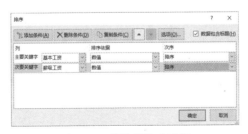

图 4-76　“排序”对话框

12. 用红色字体显示实发工资大于 4 000 元的数据

选择 O3:O17 单元格区域，单击“开始”选项卡“样式”组中的“条件格式”，在出现的下

拉菜单中选择"突出显示单元格规则"→"大于",如图 4-77 所示,打开"大于"对话框,然后根据相关要求进行设置,如图 4-78 所示。

图 4-77 条件格式

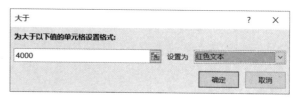

图 4-78 "大于"对话框

13.创建及修饰图表

根据前 6 名职工的基本工资和薪级工资创建簇状柱形图,在薪级工资图上添加数据标签,并将基本工资的图表类型改为带有数据标志的折线图;调整图表位置到 A24 单元格。

(1)创建图表:根据前 6 名职工的基本工资和薪级工资创建图表。

先选择 C2:C8 单元格区域,然后按住 Ctrl 键,再选择 H2:I8 单元格区域,在"插入"选项卡的"图表"组中单击"柱形图",再选中"簇状柱形图"创建图表,如图 4-79 所示。

(2)修饰图表:在图表的"薪级工资"图形上增加数据标志,用带数据标志的折线图表示基本工资。

① 在图表的"薪级工资"系列上右击,从弹出的快捷菜单中选择"添加数据标签"。

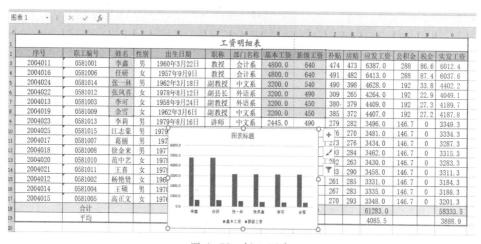

图 4-79 插入图表

② 在图表的"基本工资"系列上右击,从弹出的快捷菜单中选择"更改系列图表类型",在出现的"更改图表类型"对话框中选择"组合"选项,再选择右侧的"基本工资"的图表类型为"带数据标志的折线图",如图 4-80 所示,然后单击"确定"按钮,拖动图表到 A24 单元格处,效果如图 4-81 所示。

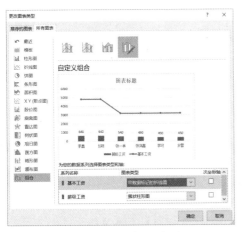

图 4-80　更改图表类型

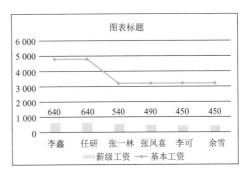

图 4-81　图表效果

14. 按部门对基本工资、薪级工资、实发工资进行分类汇总

（1）将光标定位到"部门名称"列中的任一单元格，单击"数据"选项卡"排序和筛选"组中的"升序"按钮（降序也可以），按照部门名称排序。

（2）选择 A2∶O17 单元格区域，然后单击"数据"选项卡"分级显示"组中的"分类汇总"，打开"分类汇总"对话框，如图 4-82 所示。选择"分类字段"为"部门名称"，"汇总方式"为"求和"，"选定汇总项"为"基本工资""薪级工资""实发工资"，然后单击"确定"按钮。

（3）分类汇总后，"合计""平均"结果发生了变化，需要大家重新进行计算：选择 H22 单元格，在编辑栏中修改原来的函数为"=SUM(H3:H8,H10:H14,H16:H19)"，对后面的 I22、L22 和 O22 单元格中的函数也做类似的修改。

同理，修改"平均"行中相应的函数参数，最终效果如图 4-83 所示

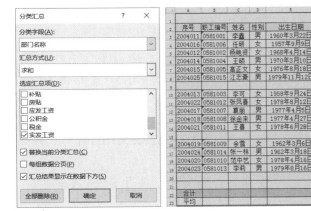

图 4-82　"分类汇总"对话框

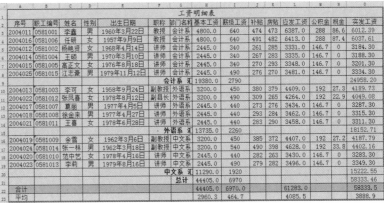

图 4-83　汇总效果

综合练习

一、单项选择题

1. 下列不属于 Excel 2016 中的比较运算符的是（　　　　）。

A. ≥   B. ><   C. ≤   D. <>

2. 在 Excel 2016 中,如果给某单元格设置的小数位数为 2,则输入 90 时显示( )。

  A. 90.00   B. 90   C. 9.00   D. 90.0

3. 在 Excel 2016 中,下列关于工作簿的说法不正确的是( )。

  A. 默认情况下,一个新工作簿包含 3 个工作表

  B. 工作簿的个数由系统决定

  C. 可以根据需要删除工作表

  D. 可以根据需要更改新工作簿中的工作表的数目

4. 有关 Excel 2016 的批注,下列叙述不正确的是( )。

  A. 可以同时显示所有批注   B. 可以同时复制多个批注

  C. 可以同时删除多个批注   D. 可以同时插入多个批注

5. 在 Excel 2016 中,工作簿一般是由( )组成的。

  A. 单元格   B. 工作表   C. 文字   D. 单元和区域

6. 启动 Excel 2016 后新建的第一个工作簿,其默认的工作簿名为( )。

  A. Book 1   B. 未命名 1   C. 工作簿 1   D. 文档 1

7. Excel 2016 中的工作表是由行和列组成的二维表格,表中的每一格称为( )。

  A. 窗口格   B. 工作表   C. 单元格   D. 表格

8. Excel 2016 默认的一个工作表最多有( )行。

  A. 256   B. 32   C. 1024   D. 1048576

9. Excel 2016 默认的一个工作中,最后一列的列标是( )。

  A. Z   B. AA   C. XFD   D. ZZZ

10. Excel 2016 中行标题用数字表示,列标题用字母表示,那么第 3 行第 2 列的单元格地址表示为( )。

  A. B3   B. B2   C. C3   D. C2

11. 在 Excel 2016 的工作界面中,( )将显示在名称框中。

  A. 工作表名称   B. 活动单元格地址   C. 列标   D. 行号

12. 在 Excel 2016 中,已知工作表 C3 单元格和 D4 单元格的值均为 0,C4 单元格中的计算公式为"=C3+D4",则 C4 单元格显示的值为( )。

  A. TRUE   B. #N/A   C. 0   D. C3=D4

13. 关于公式"=AVERAGE(A2:C2 B1:B10)"和"=AVERAGE(A2:C2,B1:B10)",下列说法正确的是( )。

  A. 计算结果一样的公式   B. 第二公式写错了,没有这样的写法

  C. 第一公式写错了,没有这样的写法   D. 两个公式都对

14. 在 Excel 2016 中,假设 A1 单元格的值为李明,B2 单元格的值为 89,则在 C3 单元格中输入"=A1&"数学"&B2",其显示值为( )。

  A. "李明"数学"89"   B. 李明数学 89

  C. 李明"数学"89   D. A1"数学"B2

15. 在 Excel 2016 中,若 C1 单元格中公式为"=A1+B1",将其复制到 E5 单元格,则 E5 单元格中的公式是( )。

  A. =C3+A4   B. =C5+D5   C. =C3+D4   D. =A3+B4

16. 在 Excel 2016 中，A1:D4 表示(   )。

   A. A1 和 D4 单元格　　　　　　　　B. 左上角为 A1、右下角为 D4 的单元格区域

   C. A、B、C、D 四列　　　　　　　　C. 1、2、3、4 四行

17. 在 Excel 2016 中，若单元格数据太长不能在一行中显示，需要在单元格中的特定位置开始新的文本行，应双击该单元格，定位在该单元格中要断行的位置，然后按(   )。

   A. Ctrl+Enter　　　　B. Ctrl+Shift　　　　C. Shift+Enter　　　　D. Alt+Enter

18. 下列选项不属于"设置单元格格式"对话框的"数字"选项卡的是(   )。

   A. 自定义　　　　　　B. 货币　　　　　　C. 日期　　　　　　D. 字体

19. 在 Excel 2016 中，给活动单元格输入数值型数据时，默认的对齐方式为(   )。

   A. 居中　　　　　　　B. 随机　　　　　　C. 右对齐　　　　　D. 左对齐

20. 在 Excel 2016 中，下列不属于单元格应用引用符的是(   )。

   A. 冒号　　　　　　　B. 分号　　　　　　C. 空格　　　　　　D. 逗号

21. 在 Excel 2016 中，在单元格中输入分数"3/8"，下列输入方法正确的是(   )。

   A. 先输入"0"及一个空格，然后输入"3/8"

   B. 直接输入"3/8"

   C. 先输入一个单引号"'"，然后输入"=3/8"

   D. 单击编辑栏中的"="，然后输入"3/8"

22. 在 Excel 2016 中，如果输入一串数字 262500，不把它看作数字型，而是文字型，则下列说法正确的是(   )。

   A. 先输入一个单引号"'"，然后输入"262500"

   B. 直接输入"262500"

   C. 输入一个双引号""""，然后输入一个单引号"'"和"262500"，再输入一个双引号

   D. 先输入一个双引号""""，然后输入"262500"

23. 在 Excel 2016 中，下列关于日期的说法不正确的是(   )。

   A. 输入"9-8"或"9/8"，然后按 Enter 键，单元格显示 9 月 8 日

   B. Excel 2016 中，在单元格中插入当前系统日期，可以按 Ctrl+; 快捷键

   C. 要输入 2013 年 11 月 9 日，可以输入"11/9/2013"

   D. 要输入 2013 年 11 月 9 日，可以输入"2013-11-9"或"2013/11/9"

24. 在 Excel 2016 中，若某一工作表的某一单元格出现错误值"#NAME?"，可能的原因是(   )。

   A. 用了错的参数或运算对象的类型，或者公式自动更正功能不能更正公式

   B. 单元格所含的数字、日期或时间比单元格宽，或者单元格的日期时间公式产生了一个负值

   C. 公式中使用了 Excel 2016 不能识别的文本

   D. 公式被零除

25. 在 Excel 2016 中，关于公式"=Sheet2!Al+A2"的表述正确的是(   )。

   A. 将工作表 Sheet2 中，Al 单元格的数据与本工作表单元格 A2 中的数据相加

   B. 将工作表 Sheet2 中，Al 单元格的数据与单元格 A2 中的数据相加

   C. 将工作表 Sheet2 中，Al 单元格的数据与工作表 Sheet2 中 A2 单元格的数据相加

   D. 错误的公式

26. 在 Excel 2016 中，若一个单元格区域表示为 D4:F8，则该单元格区域包含(   )个单

元格。

    A. 10　　　　　　　　B. 8　　　　　　　　C. 32　　　　　　　　D. 15

27. 在 Excel 2016 中,若在某单元格插入函数"=AVERAGE(¥D¥2:D4)",则该函数中对单元格的引用属于(　　　)。

    A. 相对引用　　　　　B. 绝对引用　　　　　C. 混合引用　　　　　D. 交叉引用

28. 数据透视表是一种可以快速汇总大量的数据的交互式方法。若要创建数据透视表,必须先执行(　　　)。

    A. 创建计算字段　　　B. 创建字段列表　　　C. 选择数据源　　　D. 选择图表类型

29. 在 Excel 2016 中,对于已经创建好的迷你图,如果数据区域发生了变化,应该通过(　　　)来更新迷你图。

    A. 更改迷你图的源数据区域　　　　　　　B. 设置迷你图数据标志

    C. 重新选择迷你图的位置　　　　　　　　D. 更改迷你图样式

30. 在折线迷你图后,为了更好地反映数据的趋势,可以通过选中"标记颜色"命令中的(　　　),使所有数据以节点形式突出显示。

    A. 标记　　　　　　　B. 低点　　　　　　　C. 高点　　　　　　　D. 负点

31. 在 Excel 2016 中,如果要选取若干个不连续的单元格,应(　　　)。

    A. 按住 Ctrl 键依次单击要选单元格　　　B. 按住 Shift 键依次单击要选单元格

    C. 按住 Ctrl+Alt 键依次单击要选单元格　D. 按住 Tab 键依次单击要选单元格

32. 在 Excel 2016 中,不可以同时对多个工作表进行的操作是(　　　)。

    A. 重命名　　　　　　B. 删除　　　　　　　C. 复制　　　　　　　D. 移动

33. 在 Excel 中,如果在"筛选"中选定了性别中的"男",于是表中显示的全是男性的数据,则下列说法正确的是(　　　)。

    A. 本表中性别为"女"的数据全部丢失

    B. 所有性别为"女"的数据暂时隐藏,还可恢复

    C. 在此基础上不能进一步筛选

    D. 筛选只对字符型数据起作用

34. 在使用单条件排序的过程中,用户可以自己设置排序的依据。在 Excel 2016 中,下列(　　　)不能作为排序的依据。

    A. 字体颜色　　　　　B. 公式　　　　　　　C. 单元格颜色　　　　D. 数值

35. 在 Excel 中,若需要将工作表按某列上的值进行排序,则单击"数据"选项卡"排序和筛"选组中的(　　　)。

    A. "排序"按钮　　　　　　　　　　　　　B. "重新应用"按钮

    C. "筛选"按钮　　　　　　　　　　　　　D. "高级"按钮

36. 数据透视图报表有许多功能,但其中不能进行操作的是(　　　)。

    A. 更改数据表中的图表类型　　　　　　　B. 显示数据系列

    C. 显示数据标记　　　　　　　　　　　　D. 通过显示不同的项来筛选数据

37. 在 Excel 2016 中,下列关于图表的说法不正确的是(　　　)。

    A. 可以更改图标类型　　　　　　　　　　B. 可以调整图标大小

    C. 不能删除数据系列　　　　　　　　　　D. 可以更改图表坐标轴的显示

38. 在 Excel 2016 中,下列关于排序的说法错误的是(　　　)。

A. 可以对一列或多列中的数据按文本(升序或降序)、数字(升序或降序)以及日期和时间
(升序或降序)进行排序

B. 在 Excel 2016 中进行排序操作时,最多可以按 3 个关键字进行排序

C. 大多数排序操作都是按列排序,但是也可以按行进行排序

D. 可以按自定义序列(如大、中和小)或格式(包括单元格颜色、字体颜色或图标集)进行排序

39. 在 Excel 2016 中,若 A1 单元格的数值是 8,B1 单元格的数值是 1,C1 单元格的数值是 6,
在 D1 单元格中输入函数"=AVERAGE(A1,C1)"后按 Enter 键,则 D1 单元格显示(　　)。

    A. 3　　　　　　　　　B. 5　　　　　　　　　C. 6　　　　　　　　　D. 7

40. 在 Excel 2016 中,能够进行条件格式设置的区域(　　)。

    A. 可以是任何选定的数据区域　　　　　　B. 只能是一行

    C. 只能是一列　　　　　　　　　　　　　D. 只能是一个单元格

二、判断题

1. Excel 2016 中,对数据进行排序时既可以按行排序,也可以按列排序。(　　)

2. 在 Excel 2016 中,图表一旦建立,其标题的字体、字形就不能改变。(　　)

3. 在 Excel 2016 中进行单元格复制时,无论单元格是什么内容,复制出来的内容总与原单元格完全一致。(　　)

4. Excel 2016 中一个工作簿的工作表是没有数量限制的。(　　)

5. Excel 2016 中新建的工作簿中不一定只有 3 个工作表。(　　)

6. Excel 2016 分类汇总后的数据清单是可以恢复原工作表的。(　　)

7. 在某个单元格输入"'=5+2"后按 Enter 键,则单元格中显示"=5+2"。(　　)

8. 在某个单元格中输入"=03/5"后按 Enter 键,则单元格中显示"3/5"。(　　)

9. 在 Excel 2016 中,"<="是比较运算符。(　　)

10. 若要在工作表的第六行上方插入两行,则应先选中第六、第七两行。(　　)

11. 单击 Excel 2016 的"文件"选项卡中的"保存"按钮,在打开的对话框中可以设置文件保存自动恢复信息时间间隔以及默认文件位置。(　　)

12. 在 Excel 2016 中,单元格内可直接编辑,也可以设置单元格内不允许编辑。(　　)

13. 在 Excel 2016 中,不允许同时在一个工作簿的多个工作表中输入数据。(　　)

14. 在 Excel 2016 中,混合引用的单元格被复制到其他位置,其值可能变化,也可能不变。(　　)

15. 在 Excel 2016 中,输入函数时,函数名不区分大小写。(　　)

16. 在 Excel 2016 中,使用公式或函数进行计算时,参与运算的单元格既可以是本工作簿中其他工作表的单元格,也可以是其他工作簿中的工作表的单元格。(　　)

17. 在 Excel 2016 工作表中移动单元格时,需要拖动单元格的边框。(　　)

18. 若在工作表的某单元格中输入了数字 3,则按住 Ctrl 键的同时用鼠标向下拖动该单元格填充柄,会依次填充 4、5、6 等每次增 1 的数据。(　　)

19. 在 Excel 2016 中,当工作表中的数据发生变化时,图表中对应项的数据也会自动变化。(　　)

20. 在 Excel 2016 中,可以同时打开多个工作簿文件,但当前工作簿只能有一个。(　　)

三、填空题

1. Excel 2016 中,在对数据进行分类汇总前,必须对数据进行_____操作。

2. 在 Excel 2016 中输入数据时,如果输入的数据具有某种内在的规律,则可以利用_____功能。

3. 在 Excel 2016 中,单元格的引用地址有_____、_____和_____三种形式。

4. 在 Excel 2016 的单元格中,日期时间的默认对其方式是_____。

5. 在 Excel 2016 中,若存在一个二维表,其中第 2 列是学生奖学金,第 3 列是学生成绩。已知第 2 ~ 20 行为学生数据,现要将奖学金总数填入第 21 行第 2 列,则在该单元格中须填入函数_____。

6. Excel 2016 文档以文件形式存放于磁盘中,其文件默认扩展名为_____。

7. 在 Excel 中的某个单元格中输入"0 1/5",按 Enter 键后显示_____。

8. Excel 2016 默认的三个工作表标签名称是_____、_____、_____。

9. 用拖动的方法移动单元格的数据时,应拖动单元格的_____。

10. 快速复制数据格式,可以使用_____工具。

11. 如果要全屏显示工作簿,可以单击_____选项卡中的"全屏显示"按钮。

12. 要设置自动保存时间,应该选择"文件"选项卡中的_____按钮。

扫一扫

四、操作题

在"销售记录.xlsx"工作簿中,完成以下操作:

1. 在工作表 Sheet1 中,从 B3 单元格开始,导入"数据源.txt"中的数据,并将工作表名称修改为"销售记录"。

2. 在"销售记录"工作表的 A3 单元格中输入文字"序号",从 A4 单元格开始,为每笔销售记录插入"001、002、003…"格式的序号;将 B 列(日期)中数据的数字格式修改为只包含月和日格式(3/14);在 E3 和 F3 单元格中,分别输入文字"价格"和"金额";对标题行 A3:F3 单元格区域应用单元格的上框线和下框线,并对数据区域的最后一行 A891:F891 单元格区域应用单元格的下框线;其他单元格无边框线;不显示工作表的网格线。

3. 在"销售记录"工作表的 A1 单元格中输入文字"2012 年销售数据",并设置其在 A1:F1 单元格区域跨列居中;将"标题"单元格样式的字体修改为"微软雅黑",并应用于 A1 单元格中的文字内容;隐藏第 2 行。

4. 在"销售记录"工作表的 E4:E891 单元格区域中,应用函数输入 C 列(类型)对应的产品价格,其中价格信息可以在"价格表"工作表中进行查询;将填入的产品价格设为货币格式,并保留 0 位小数。

5. 在"销售记录"工作表的 F4:F891 单元格区域中,计算每笔订单记录的金额,并应用货币格式,保留 0 位小数,计算规则:价格×数量×(1-折扣百分比),其中折扣百分比由订单中的订货数量和产品类型决定,可以在"折扣表"工作表中进行查。例如,某个订单中产品 A 的订货量为 1510,则折扣百分比为 2%(提示:为便于计算,可对"折扣表"工作表中表格的结构进行调整)。

6. 将"销售记录"工作表的 A3:F891 单元格区域中的所有记录居中对齐,并将发生在周六或周日的销售记录的行填充颜色设为黄色。

7. 在名为"销售量汇总"的新工作表中,自 A3 单元格开始创建数据透视表,并按照日期对"销售记录"工作表中的三种产品的销售数量进行汇总;在数据透视表右侧创建数据透视图,图表类型为"带数据标记的折线图",效果如图 4-84 所示;将"销售量汇总"工作表移动到"销售记录"工作表的右侧。

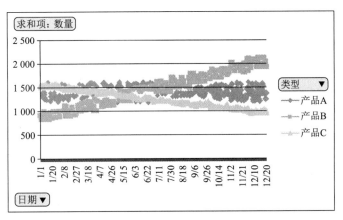

图 4-84　效果图

8. 在"销售量汇总"工作表右侧创建一个新的工作表,名称为"大额订单";在这个工作表中使用高级筛选功能,筛选出"销售记录"工作表中产品 A 数量在 1 550 以上、产品 B 数量在 1 900以上以及产品 C 数量在 1 500 以上的记录(请将条件区域放置在 1 ～ 4 行,筛选结果放置在从 A6单元格开始的区域)。

第5章

《《《 演示文稿软件 PowerPoint 2016

本章从 PowerPoint 2016 工作界面开始，带领学生上机练习 PowerPoint 2016 的创建、编辑、动画、切换、放映演示文稿的全过程，并进行拓展练习。

任务一　演示文稿的基本操作

任务描述

同学们，从我们背着书包走进校园的那一天开始，我们就慢慢地爱上了自己的校园，爱上了敬业的老师、可爱的同学、有趣的专业知识和清脆的上课铃声。现在，让我们用所学的知识，设计一个介绍学校的演示文稿。

任务目的

（1）掌握 PowerPoint 2016 的启动与退出方法。
（2）熟悉 PowerPoint 2016 的工作界面。
（3）了解幻灯片的视图方式。
（4）掌握制作和设置演示文稿的方法。
（5）掌握幻灯片的基本编辑方法。

技能储备一

（1）启动 PowerPoint 2016。
（2）创建和保存演示文稿。
（3）编辑幻灯片。
（4）放映幻灯片。

1. 启动 PowerPoint 2016

要求：打开 PowerPoint 2016（可使用多种方法打开）。

操作过程：

单击"开始"→"PowerPoint 2016"，如图 5-1 所示，启动 PowerPoint 2016 应用程序，如图5-2 所示。

图 5-1 "开始"菜单

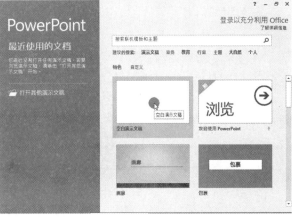

图 5-2 新建演示文稿窗口

2.创建和保存演示文稿

（1）新建演示文稿的方式。

① 用内容提示向导建立演示文稿,其中系统提供了包含不同主题、建议内容及其相应版本的演示文稿示范,供用户选择。

② 用模板建立演示文稿,可以采用系统提供的不同风格的设计模板,将它套用到当前演示文稿中。

③ 用空白演示文稿的方式创建演示文稿,用户可以不拘泥于向导的束缚及模板的限制,发挥自己的创造力,制作出独具风格的演示文稿。

（2）创建演示文稿。

PowerPoint 2016 启动后,默认会新建一个空白的演示文稿,其中只包含一张幻灯片,不包括其他任何内容,以方便用户进行创作,如图 5-3 所示。

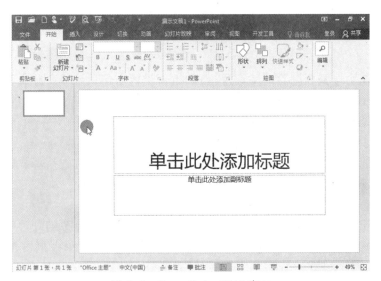

图 5-3 PowerPoint 2016 窗口

（3）保存演示文稿。

单击"文件"选项卡→"保存"/"另存为",选择保存文件的位置和文件名即可。

3. 编辑幻灯片

（1）新建幻灯片。

在演示文稿中新建幻灯片的方法为：

① 在幻灯片视图中选中需要在其后插入新幻灯片的幻灯片，然后按 Enter 键。

② 单击"开始"选项卡"幻灯片"组中的"新建幻灯片"按钮，从出现的下拉列表中选择所需要的版式，如图 5-4、图 5-5 所示。

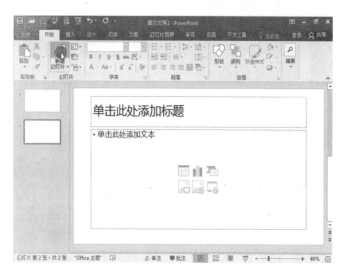

图 5-4 "新建幻灯片"按钮

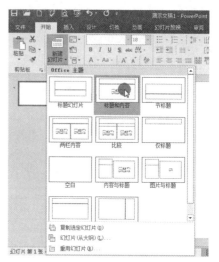

图 5-5 "新建幻灯片"下拉列表

用第一种方法会出现一张与选中幻灯片（除标题版式幻灯片外）相同版式的幻灯片，用第二种方法会在屏幕中出现一个"Office 主题"下拉列表，可以非常直观地选择所需要的版式。

（2）编辑、修改幻灯片。

选中需要编辑、修改的幻灯片，然后选择其中的文本、图表、剪贴画等对象，具体的编辑方法与 Word 类似。

（3）删除幻灯片。

在幻灯片视图中选择要删除的幻灯片，按 Delete 键或右击后选择"删除"。

若删除多张幻灯片，可切换到幻灯片视图，按 Ctrl 键并单击要删除的幻灯片，然后按 Delete 键或右击后选择"删除"。

（4）调整幻灯片位置。

选中要移动的幻灯片，按住鼠标左键并拖动鼠标到移动目标位置后释放即可。

（5）隐藏幻灯片。

用户可以把暂时不用的幻灯片隐藏起来。

单击需要隐藏的幻灯片，右击，在弹出的快捷菜单中选择"隐藏幻灯片"，如图 5-6 所示。若想取消隐藏，选中要取消隐藏的幻灯片，右击，在弹出的快捷菜单中单击"隐藏幻灯片"，即可取消隐藏。

（6）为幻灯片编号。

单击"插入"选项卡"文本"组中的"页眉和页脚"按钮，弹出"页眉和页脚"对话框，如图 5-7 所示，即可进行相应设置。

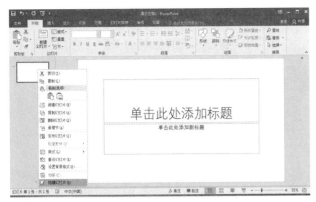

图 5-6　设置隐藏　　　　　　　　图 5-7　"页眉和页脚"对话框

4. 放映幻灯片

单击"幻灯片放映"选项卡"开始放映幻灯片"组中的相应按钮,如图 5-8 所示,即可放映幻灯片,放映结束后按 Esc 键可以退出放映。

图 5-8　"幻灯片放映"选项卡

技 能 储 备 二

根据提供的实验素材文件"PPT .docx",按照要求创建演示文稿。

1. 实验要求

(1)创建空白演示文稿,命名为"计算机发展史.pptx"。

(2)为演示文稿添加 7 张幻灯片,其中第 1 张幻灯片为"标题幻灯片"版式,第 2 张幻灯片为"标题和内容"版式,第 3 ~ 6 张幻灯片为"两栏内容"版式,第 7 张幻灯片为"空白"版式。

(3)将第 1 张幻灯片的标题设置为"计算机发展简史",副标题设置为"计算机发展的四个阶段";将第 2 张幻灯片的标题设置为"计算机发展的四个阶段",在标题下面输入文本"第一代计算机……第四代计算机",并加黑色实心圆点项目符号,适当调整字体、字号。

(4)将第 3 ~ 6 张幻灯片的标题内容分别设置为素材中各段的标题;左侧内容为各段的文字介绍,并加项目符号;右侧存放相应图片,其中第 6 张幻灯片需要加入两张图片。

(5)为第 7 张幻灯片插入艺术字,内容为"谢谢";为所有幻灯片设置背景样式,填充:渐变填充,预设渐变:底部聚光灯 - 个性色 1,类型:标题的阴影。

2. 操作过程

(1)单击"开始"→"PowerPoint 2016",启动 PowerPoint 2016 应用程序。PowerPoint 2016 启动后,默认新建一个空白的演示文稿,只包含一张标题幻灯片。单击"文件"→"保存"或"另存为",选择保存文件的位置,将文件名命名为"计算机发展史.pptx"。

(2)选中第 1 张幻灯片,单击"开始"选项卡→"幻灯片"组→"版式"按钮→"标题幻灯片",如图 5-9 所示,然后单击"开始"选项卡→"幻灯片"组→"新建幻灯片"下拉按钮→"标题和内容"。用同样方法,新建第 3 ～ 6 张幻灯片为"两栏内容",第 7 张幻灯片为"空白"版式。

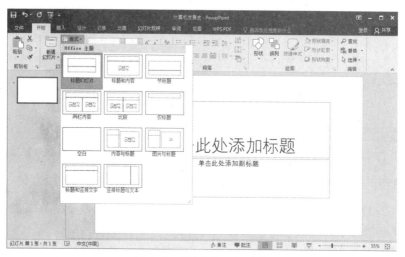

图 5-9 "版式"下拉列表

（3）选中第 1 张幻灯片,在标题占位符中输入文本"计算机发展简史",副标题处输入文本"计算机发展的四个阶段"。选中第 2 张幻灯片,在标题占位符中输入文本"计算机发展的四个阶段",并在标题下面输入文本"第一代计算机……第四代计算机";选中在标题下面输入的文本,单击"开始"选项卡→"段落"组→"项目符号"按钮,并选择黑色实心圆点项目符号,然后适当调整字体、字号,如图 5-10 所示。

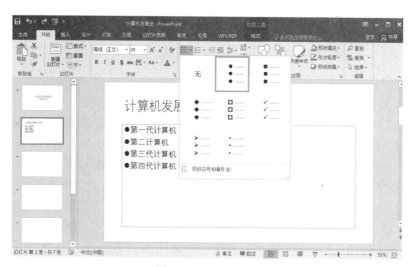

图 5-10 项目符号

（4）选中第 3 张幻灯片,在标题占位符中复制和粘贴素材中的第一个标题,并将其下的文字内容复制和粘贴到幻灯片的左侧内容区;选中文本,单击"开始"选项卡→"段落"组→"项目符号"按钮,选择一种项目符号;选中右侧的占位符,单击"插入"选项卡→"图像"组→"图片"按钮,如图 5-11 所示,在弹出的对

图 5-11 "图像"组

话框中选择素材中提供的相应图片。用相同的方法，设置第 4 ～ 6 张幻灯片。

（5）选中第 7 张幻灯片，单击"插入"选项卡→"文本"组→"艺术字"按钮，在出现的下拉列表选择一种样式，然后输入文本"谢谢"。

（6）单击"设计"选项卡→"自定义"下拉列表→"设置背景格式"按钮，如图 5-12 所示，在右侧出现"设置背景格式"窗格，设置"填充"为"渐变填充"，"预设渐变"为"底部聚光灯 - 个性色 1"，"类型"为"标题的阴影"，最后单击"全部应用"按钮，如图 5-13 所示。

图 5-12　"设计"选项卡　　　　　　　　图 5-13　"设置背景格式"窗格

（7）单击"文件"→"保存"，保存演示文稿。最后效果如图 5-14 所示。

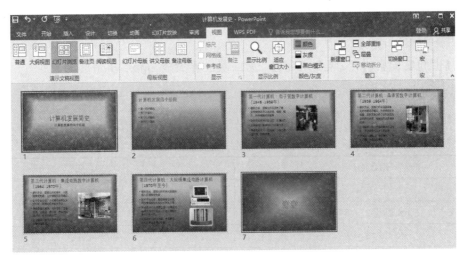

图 5-14　演示文稿的效果

任务实施

设计一份关于学校介绍的演示文稿。

要求：

扫一扫

（1）演示文稿的幻灯片不少于 10 张，版式不少于 4 种。

（2）第 1 张幻灯片是"标题幻灯片"，其中副标题中的内容必须是本人信息，包含"姓名""专业"。

（3）除标题幻灯片外，其他幻灯片中都要包含与题目相关的文字、图片或表格等。

（4）除标题幻灯片外，每张幻灯片都要显示日期和页码。

（5）选择一种主题或背景对演示文稿进行设置。

任务二 动画效果的设置

任 务 描 述

公司打算对全体员工进行定期的统一培训，因此主管要求小张结合公司人员素质、精神面貌、工作规程、工作效率等方面的情况，确定培训内容并以演示文稿的形式展示。

任 务 目 的

（1）掌握如何在演示文稿上设置动画效果和切换效果。

（2）掌握如何设置超链接及动作。

（3）掌握在演示文稿上插入声音和视频的方法及格式设置。

（4）掌握分节和幻灯片母版的设置。

技 能 储 备

根据提供的实验素材，按照要求完善"第二次世界大战.pptx"演示文稿。

1. 实验要求

（1）修改幻灯片的版式，具体要求见表 5-1。

表 5-1　幻灯片版式要求

幻灯片	幻灯片版式
幻灯片 1	标题幻灯片
幻灯片 2～5	标题和文本
幻灯片 6～9	标题和图片
幻灯片 10～14	标题和文本

（2）在标题幻灯片中，将标题文本的字体设置为方正姚体，字号为 60。除标题幻灯片外，将其他幻灯片的标题文本的字体设置为微软雅黑、加粗，内容文本为幼圆。

（3）在第 2 张幻灯片中插入"图片 1.png"，并将其置于列表下方；为第 6～9 张幻灯片分别插入"图片 2.png""图片 3.png""图片 4.png""图片 5.png"，并应用合适的图片样式。

（4）为第 5 张幻灯片插入布局为"垂直框列表"的 SmartArt 图形，文字参考"文本内容.docx"；更改 SmartArt 图形的颜色，为 SmartArt 图形添加"淡出"的动画效果，并设置为单击鼠标逐个播放。

（5）在第 11 张幻灯片的下方插入三个同样大小的"圆角矩形"形状，并将其设置为顶端对齐和横向均匀分布；在三个形状中分别输入文本"成立联合国""民族独立""两级阵营"，然后为这三个形状插入超链接，分别链接到之后标题为"成立联合国""民族独立""两级阵营"的幻灯片中；为这三个圆角矩形形状添加"劈裂"进入动画效果，并设置单击鼠标后从左到右逐个出现。

（6）在第 12～14 张幻灯片中，分别在右下角插入"第一张"动作按钮，单击时链接到第 11 张幻灯片，并隐藏 12～14 幻灯片。

（7）为演示文稿中的全部幻灯片应用一种合适的切换效果。

2. 操作过程

（1）打开素材"第二次世界大战.pptx"演示文稿，选中第 1 张幻灯片，单击"开始"选项卡→"幻灯片"组→"版式"下拉列表→"标题幻灯片"。用同样的方法，修改第 2～5 张幻灯片为"标题和文本"版式，修改第 6～9 张幻灯片为"标题和图片"版式，修改第 10～14 张幻灯片为"标题和文本"版式。

（2）在幻灯片视图中，选中第 1 张幻灯片，然后选中标题，在"开始"选项卡→"字体"组中，设置字体为"方正姚体"，字号为"60"；单击"视图"选项卡→"母版视图"组→"幻灯片母版"按钮，如图 5-15 所示，切换到幻灯片母版视图。

图 5-15　"视图"选项卡

对于第 2～5 张、第 10～14 张幻灯片，先在左侧的母版中选择"标题和内容"版式，然后将右侧的标题字体设置为"微软雅黑""加粗"，并将下方文本框中的字体设置为"幼圆"。用相同的方法，对第 6～9 张幻灯片进行设置。设置完成后，关闭幻灯片母版视图，在幻灯片视图中选择第 2～14 张幻灯片，右击，在弹出的快捷菜单中选择"重设幻灯片"，如图 5-16 所示。

（3）选中第 2 张幻灯片，然后单击"插入"选项卡→"图像"组→"图片"按钮，弹出"插入图片"对话框，打开提供的素材文件夹，选择"图片 1.png"文件，单击"插入"按钮；选中插入的图片对象，适当调整大小和位置，然后单击"图片工具／格式"选项卡→"样式"组→"图片样式"，选择一种样式，如图 5-17 所示。用相同的方法，为第 6～9 张幻灯片插入对应的图片。

（4）选中第 5 张幻灯片中的文本内容，右击，在弹出的快捷菜单中依次选择"转换为 SmartArt 图形"→"其他 SmartArt 图形"，如图 5-18 所示，弹出"SmartArt 图形"对话框，在左侧选中"列表"，右侧选择"垂直框列表"，单击"确定"按钮；选中该 SmartArt 对象，单击"SmartArt 工具／设计"选项卡→"SmartArt 样式"组→"更改颜色"按钮，选择一种颜色，如图 5-19 所示；选中该 SmartArt 对象，单击"动画"选项卡→"动画"组→"动画样式"下拉按钮→"进入"→"淡出"，如图 5-20 所示，然后单击"动画"组右侧的"效果选项"下拉列表，选中"逐个"，如图 5-21 所示。

图 5-16　重设幻灯片

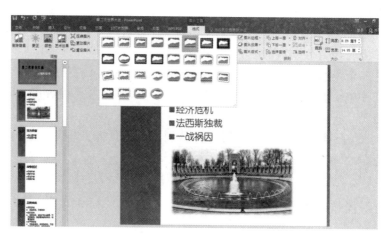

图 5-17　"图片工具 / 格式"选项卡

图 5-18　鼠标右键快捷菜单

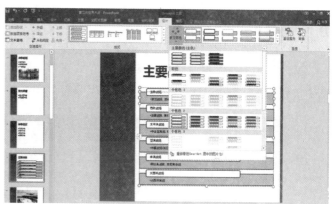

图 5-19　"SmartArt 工具 / 设计"选项卡

图 5-20　"动画"选项卡

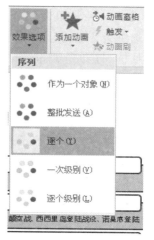

图 5-21　"效果选项"下拉列表

（5）选中第 11 张幻灯片，单击"插入"→"插图"组→"形状"→"矩形"→"圆角矩形"，如图 5-22 所示，按住左键绘制一圆角矩形，适当设置形状样式，并拖到适当位置，然后选中该形状对象，再复制出两个相同的形状对象。选中这三个相同的形状对象，单击"绘图工具 / 格式"选项卡→"排列"组→"对齐"→"顶端对齐"，再单击"对齐"→"横向分布"，如图 5-23 所示，然后单击第一个形状对象，右击，在弹出的快捷菜单中选择"编辑文字"，并输入"成立联合国"，适当修改字号。选中第一个形状对象，右击，在弹出的快捷菜单中选择"超链接"，弹出"插入超链接"对话框，选择左侧的"本文档中的位置"，在右侧列表框中选择"12. 成立联合国"，如图 5-24 所示，单击"确定"按钮。用相同的方法，对第二个形状和第三个形状进行设置。选中第一个"圆角矩形"对象，单击"动画"选项卡→"动画"组→"其他"下拉按钮→"进入"→"劈裂"；选中第二个"圆角矩形"对象，单击"动画"选项卡→"动画"组→"其他"下拉按钮→"进入"→"劈裂"，同时在"计时"组将"开始"设置为"上一个动画之后"，如图 5-25 所示；用相同的方法，对第三个"圆角矩形"对象进行设置。

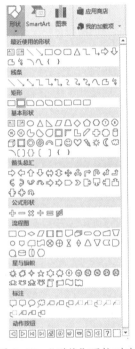

图 5-22 "形状"下拉列表

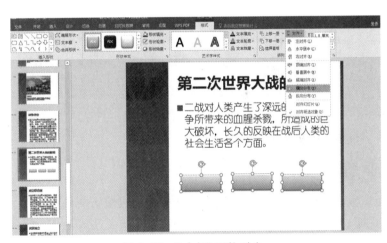

图 5-23 "对齐"下拉列表

图 5-24 "插入超链接"对话框

图 5-25 "计时"组

（6）选中第 12 张幻灯片，单击"插入"→"插图"组→"形状"→"动作按钮"→"动作按钮:第一张"。在幻灯片右侧绘制动作按钮图像,在弹出的"操作设置"对话框中,在"超链接到"中选择相应的幻灯片,如图 5-26 所示。选中"动作"按钮,复制到第 13 张和第 14 张幻灯片中,最后选中第 12～14 张幻灯片,右击,在弹出的快捷菜单中选择"隐藏幻灯片"。

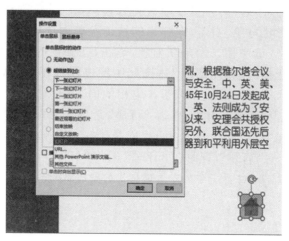

图 5-26　动作设置

（7）选中任意幻灯片,单击"切换"→"切换到此幻灯片"组→"其他",在出现的下拉列表中选择一种合适的切换效果,然后单击"计时"组中的"全部应用"按钮,如图 5-27 所示。

图 5-27　"切换"选项卡

（8）保存该演示文稿,并放映演示文稿。

任 务 实 施

根据提供的实验素材,按照下列要求完成演示文稿的制作。

（1）为演示文稿应用素材提供的主题"员工培训主题.thmx"。

（2）为第 2 张幻灯片添加图片"欢迎图片.jpg",并设置合适的图片样式。

（3）将第 3 张幻灯片中的项目符号列表转化为 SmartArt 图形,布局为"降序基本块列表",并为每个形状添加超链接,使其分别链接到第 4、5、6、7、8、9、11 张幻灯片。

（4）为第 5 张幻灯片中的 SmartArt 图形添加"淡出"的进入动画效果,效果选项为"一次级别"。

（5）为第 9 张幻灯片中的图表添加"擦除"的进入动画效果,方向为"自左侧",序列为"按系别"。

（6）将第 11 张幻灯片的版式设置为"图片与标题",插入图片"员工照片.jpg",并为标题和图片添加动画。

（7）为除首张幻灯片之外的其他幻灯片设置合适的切换效果。

（8）将图片"公司 logo.jpg"插入所有幻灯片的右下角,并调整其大小。

任务三　**PowerPoint 2016 综合实验**

任务描述

　　2020 年的春节,我们经历了一场没有硝烟的战争。在这场"战争"中,再现平凡英雄的本色,每一个爱心的瞬间、感人的故事汇聚成中国的脊梁,传播爱的力量。公司拟举办以"肩挑责任,战胜疫情"为主题的宣传活动,引导员工汲取榜样的力量,使自己成为一个有家国情怀,敢于担当的人。小张是公司宣传部的员工,觉得这是一个激发员工爱党、爱国家、爱人民、爱公司的好机会。于是,他查阅了很多资料,搭建了演示文稿的大体框架,开始着手制作。

任务目的

　　(1)掌握演示文稿的设计。
　　(2)掌握演示文稿动画、切换的设置。
　　(3)掌握如何制作和设置幻灯片。
　　(4)掌握幻灯片的页面设置。

技能储备

　　培训部小王正在准备企业科技培训课件,根据提供的实验素材,按下列要求完成演示文稿的制作。

　　1. 实验要求

　　(1)创建一个名为"PPT.pptx"的新的演示文稿,该演示文稿需要包含原 Word 文档"PPT 素材.docx"中的所有内容,每一张幻灯片对应 Word 文档中的一页,其中 Word 文档中标题 1、标题 2、标题 3 样式文本内容分别对应每页幻灯片中的标题文字、第一级文本内容、第二级文本内容。

　　(2)将第 1 张幻灯片的版式设置为"标题幻灯片",在该幻灯片的右下角插入一幅剪贴画,依次为标题、副标题和新插入的图片设置动画效果,其中副标题作为一个对象发送,并且指定动画顺序为图片、副标题、标题。

　　(3)将第 2 张幻灯片的版式设置为两栏内容,参考原 Word 文档"PPT 素材.docx"第二页中的图片,将文本分别置于左、右两栏文本框中,并分别依次转换为"垂直框列表"和"射线韦恩图"类的 SmartArt 图形,适当改变 SmartArt 图形的样式和颜色,令其更加美观。分别将文本"高新技术企业认定"和"技术合同登记"链接到相同标题的幻灯片。

　　(4)将第 3 张幻灯片中的第二段文本向右缩进一级,用标准红色字体显示,并为其中的网址增加正确的超链接,使其链接到相应网站,要求链接颜色未访问为标准红色,访问后为标准蓝色。为本张幻灯片的标题和文本添加不同的动画效果。

　　(5)将第 6 张幻灯片的版式设置为"标题和内容",参照原 Word 文档"PPT 素材.docx"第

6页中的表格样例,将相应内容转化为一个表格,并为该表格添加任一动画效果。

（6）将第 11 张幻灯片的版式设置为"标题和内容",并将素材中的图片文件"Pic1.png"插入右侧内容中。

（7）为每张幻灯片的左上角插入图片"Logo.jpg",并设置为置于底层,避免遮盖标题文字。除标题幻灯片外,其他幻灯片包含幻灯片编号、自动更新的日期(日期格式为 #### 年 ## 月 ## 日)。

（8）将演示文稿按表 5-2 的要求分为 5 节,并对每节幻灯片设计不同的主题和切换方式。

表 5-2　5 节幻灯片的要求

节　名	包含的幻灯片
简介	1 ～ 3
企业认定	4 ～ 19
经费 .	20 ～ 24
合同	25 ～ 32
其他	33 ～ 38

2. 操作过程

（1）单击"开始"→"PowerPoint 2016",启动 PowerPoint 2016 应用程序,新建一个空白的演示文稿,并将其命名为"PPT.pptx",然后单击"开始"选项卡→"幻灯片"组→"新建幻灯片"下拉列表→"幻灯片(从大纲)",如图 5-28 所示,弹出"插入大纲"对话框,如图 5-29 所示,从中选择提供的素材"PPT 素材.docx"。

图 5-28　"新建幻灯片"下拉列表

图 5-29　"插入大纲"对话框

（2）选中并删除空白的幻灯片;选中第 1 张幻灯片,单击"开始"选项卡→"幻灯片"组→"版式"下拉列表→"标题幻灯片";单击"插入"选项卡→"图像"组→"联机图片"按钮,弹出"联机图片"对话框,在搜索栏中输入"剪贴画",如图 5-30 所示,然后单击任一剪贴画,将其添加到幻灯片中,并移动到幻灯片的右下角;选中标题文本框,单击"动画"选项卡→"动画"组→"动画样式"下拉列表,添加动画,选中副标题文本框,单击"动画"选项卡→"动画"组→"动画样式"下拉列表,添加动画,单击右侧的"效果选项"下拉列表,选择"作为一个对象";选中剪贴画,单击"动画"选项卡,添加动画;单击"动画"选项卡→"计时"组→"对动画重新排序"→"向前 / 向后移动",改变动画的顺序,如图 5-31 所示。

图 5-30　"联机图片"对话框

图 5-31　对动画重新排序

（3）选中第 2 张幻灯片,单击"开始"选项卡→"版式"下拉列表→"两栏内容",把文本放在左、右两栏中;然后选中左侧文本,右击,在弹出快捷的菜单中选择"转换为 SmartArt 图形"→"其他 SmartArt 图形",弹出"SmartArt 图形"对话框,在左侧选择"列表",在右侧列表框中选择"垂直框列表";最后选中右侧文本,右击,在弹出的快捷菜单中选择"转换为 SmartArt 图形",弹出"选择 SmartArt 图形"对话框,在左侧选择"关系",在右侧选择"射线韦恩图";通过"SmartArt 工具 / 设计"选项卡,可以设置样式和颜色,如图 5-32 所示;选中左侧 SmartArt 图形中的文本"高新技术企业认定",右击,在弹出的快捷菜单中选择"超链接",在弹出的对话框中选择左侧的"本文档中的位置",在右侧的列表框中选择相同标题的幻灯片,单击"确定"按钮。对右侧 SmartArt 图形中的文本"技术合同登记"做相同的超链接设置。

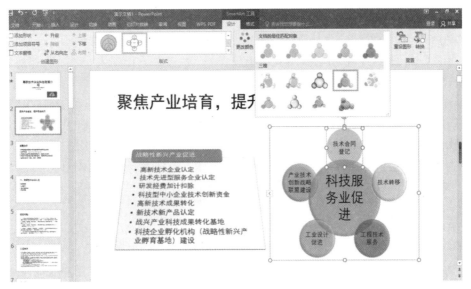

图 5-32　转化 SmartArt 图形

（4）单击第3张幻灯片，然后选中第二段文本，单击"开始"选项卡→"段落"组→"增加缩进量"按钮，如图5-33所示；选中第二段文本，单击"开始"选项卡→"字体"组→"字体颜色"→"标准色-红色"；选中文中的网址文本，右击，在弹出的快捷菜单中选择"超链接"，在弹出的对话框的下方地址中输入网址，然后单击"确定"按钮；单击"设计"选项卡→"变体"组→"颜色"下拉列表→"新建主题颜色"，如图5-34所示，弹出"新建主题颜色"对话框，通过该对话框设置超链接前后的颜色，如图5-35所示。

图 5-33　"增加缩进量"按钮

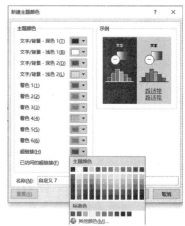

图 5-34　"颜色"下拉列表　　　　图 5-35　"新建主题颜色"对话框

（5）选中第6张幻灯片，单击"开始"选项卡→"版式"下拉列表→"标题和内容"；单击"插入"选项卡→"表格"下拉列表→"插入表格"，参考素材输入内容（可删除一部分），然后选中表格，单击"动画"选项卡→"动画"组→"动画样式"下拉列表，添加动画。

（6）选中第11张幻灯片，单击"开始"选项卡→"版式"下拉列表→"标题和内容"；单击"插入"选项卡→"图像"组→"图片"按钮，在弹出的对话框中添加素材图片"Pic1.png"。

（7）单击"视图"选项卡→"母版视图"组→"幻灯片母版"按钮，自动生成"幻灯片母版"选项卡；选中左侧的所有幻灯片，单击"插入"选项卡→"图像"组→"图片"按钮，在弹出的对话框中找到素材图片"Logo.jpg"，使其移到母版的左上角，然后选中该图片，右击，在弹出的快捷菜单中选中"置于底层"，单击"幻灯片母版视图"选项卡→"关闭幻灯片母版"按钮；单击"插入"选项卡→"文本"组→"幻灯片编号"按钮，在弹出的"页眉和页脚"对话框中进行设置。

（8）选中第1张幻灯片，单击"开始"选项卡→"幻灯片"组→"节"下拉列表→"新增节"，如图5-36所示，在弹出的"重命名节"对话框中进行设置，如图5-37所示。用相同的方法，增加其他节。选中"简介"节，单击"设计"选项卡→"主题"组，选择恰当的主题，再单击"切换"选项卡，选择切换效果。用相同的方法，设置其他节。

图 5-36　"节"下拉列表　　　图 5-37　"重命名节"对话框

任务实施

根据提供素材"感动中国 . pptx",对该文档进行美化,要求如下:

(1)设置第一页幻灯片标题字体为微软雅黑,大小为 100 磅,并将其设置成艺术字,样式为第三行第四个样式;副标题字体为微软雅黑,大小 32 磅。

(2)将第二页幻灯片的 SmartArt 版式改为"水平图片列表",样式设置为"嵌入"。

(3)将第三页和第四页幻灯片位置互换。

(4)在第三页幻灯片中插入素材中的图片"钟南山院士",并设置恰当的图片效果。

(5)为第二页幻灯片上的目录内容设置超链接,分别链接到对应幻灯片,同时在第三至第十页幻灯片中分别设置动作按钮,使其返回第二页幻灯片。

(6)将第四张幻灯片上的文本字体设置为"微软雅黑,24 磅",段落设置为"1.5 倍行间距,首行缩进 2 字符。"将第五至十页的文本格式设置同第四页一致。

(7)为所有幻灯片添加恰当的切换效果。

(8)将素材中提供的音频文件"我和我的祖国 . mp3"插入第一页幻灯片中,并将其设置放映时自动播放直至最后一页幻灯片结束 。

(9)为除首页外的其他幻灯片添加日期和时间以及幻灯片编码。

(10)保存该演示文稿,并观察放映效果。

••••◦◦◦**综合练习**◦◦◦••••

一、单选题

1. 下列属于 PowerPoint 2016"开始"选项卡的是(　　　)。

　　A. 打开　　　　　　　B. 关闭　　　　　　　C. 新建　　　　　　　D. 段落

2. 在 PowerPoint 2016 的"开始"选项卡中,"重设"按钮的作用是(　　　)。

　　A. 撤销上一步完成的操作　　　　　　B. 撤销背景、切换效果和动画效果

C. 将占位符位置、大小和格式充值为默认　　D. 将背景、切换效果和动画效果重置为默认

3. PowerPoint 2016 演示文稿的扩展名（　　　　）。

　　A. ppt　　　　　　　B. pptx　　　　　　C. pot　　　　　　　D. .potx

4. 在 PowerPoint 2016 中,(　　　　)选项卡可以帮助设置幻灯片的切换效果。

　　A. 切换　　　　　　　B. 设计　　　　　　C. 开始　　　　　　D. 动画

5. 在 PowerPoint 2016 中,要运用 SmartArt 图形丰富演示文稿的构成,应选择(　　　　)选项卡。

　　A. 设计　　　　　　　B. 幻灯片放映　　　C. 插入　　　　　　D. 动画

6. PowerPoint 2016 从当前幻灯片放映的快捷键是(　　　　)。

　　A. Shift+F5　　　　　B. Ctrl+F5　　　　　C. Alt+F5　　　　　D. F5

7. 在 PowerPoint 2016 中,下列关于图片来源的说法不正确的是(　　　　)。

　　A. 来自文件　　　　　B. 来自相册　　　　C. 来自剪贴画　　　D. 来自打印机

8. PowerPoint 2016 的视图模式不包括(　　　　)。

　　A. 普通视图　　　　　B. 浏览视图　　　　C. 页面视图　　　　D. 阅读视图

9. 在 PowerPoint 2016 中,新建幻灯片的快捷方式是(　　　　)。

　　A. Ctrl+M　　　　　　B. Ctrl+N　　　　　C. Alt+M　　　　　D. Alt+N

10. 下列不属于 PowerPoint 2016 中"插入"选项卡所包含的组的是(　　　　)。

　　A. 表格　　　　　　　B. 图像　　　　　　C. 符号　　　　　　D. 页面

11. 在 PowerPoint 2016 中,要插入一个在各张幻灯片相同位置都显示的小图片,应在(　　　　)选项卡中进行设置。

　　A. 设计　　　　　　　B. 插入　　　　　　C. 幻灯片母板　　　D. 视图

12. 若在当前幻灯片中显示实际日期和时间,可在"插入"选项卡中的"文本"组中勾选"日期和时间",在弹出的"页眉和页脚"对话框中选择(　　　　)。

　　A. 编辑时间　　　　　B. 固定　　　　　　C. 自动更新　　　　D. 页脚

13. 在 PowerPoint2016 中,下列说法不正确的是(　　　　)。

　　A. 可以插入音频文件　　　　　　　　　　B. 可以插入图片和影片

　　C. 不能插入多个声音文件　　　　　　　　D. 可以裁剪影片

14. 演示文稿中每张幻灯片都是基于某种(　　　　)创建的,它预定义了新幻灯片中各种占位符的布局情况。

　　A. 视图　　　　　　　B. 版式　　　　　　C. 母版　　　　　　D. 模板

15. 下列操作不能退出 PowerPoint 2016 的是(　　　　)。

　　A. 单击"文件"下拉列表中的"关闭"命令

　　B. 单击"文件"下拉列表中的"退出"命令

　　C. 双击 PowerPoint 2016 窗口的控制菜单图标

　　D. 按 Alt + F4 快捷键

16. 在 PowerPoint 2016 中,添加背景音乐使用的选项卡是(　　　　)。

　　A. 视图　　　　　　　B. 设计　　　　　　C. 插入　　　　　　D. 切换

17. PowerPoint 2016 模板文件的扩展名是(　　　　)。

　　A. pptx　　　　　　　B. potx　　　　　　C. ppt　　　　　　　D. pot

18. 在幻灯片的放映过程中要中断放映,可以直接按(　　　　)键。

　　A. Alt+F4　　　　　　B. End　　　　　　C. Esc　　　　　　　D. Ctrl

19. 在 PowerPoint 2016 中按 F7 键的功能是（　　）。

　　A. 打开文件　　　　　B. 拼写检查　　　　C. 打印预览　　　　D. 样式检查

20. 在 PowerPoint 的各种视图中，可编辑、修改幻灯片内容的视图是（　　）。

　　A. 普通视图　　　　B. 幻灯片浏览视图　C. 幻灯片放映视图　D. 都可以

21. 在 PowerPoint 的幻灯片浏览视图下，不能完成的操作是（　　）。

　　A. 调整个别幻灯片位置　　　　　　　B. 删除个别幻灯片

　　C. 编辑个别幻灯片内容　　　　　　　D. 复制个别幻灯片

22. 在 PowerPoint 中，"背景"设置中的"填充效果"不能处理的效果是（　　）。

　　A. 图片　　　　　　　B. 图案　　　　　　C. 纹理　　　　　　D. 文本和线条

23. 关于 PowerPoint 幻灯片母版的使用，下列说法不正确的是（　　）。

　　A. 通过对母版的设置，可以控制幻灯片中不同部分的表现形式

　　B. 通过对母版的设置，可以预定幻灯片的前景颜色、背景颜色和字体大小

　　C. 修改母版不会对演示文稿中任何一张幻灯片带来影响

　　D. 标题母版为使用标题版式的幻灯片设置了默认格式

24. 当新插入的剪贴画遮挡住原来的对象时，为将原来的对象显示出来，下列说法不正确的是（　　）。

　　A. 可以调整剪贴画的大小

　　B. 可以调整剪贴画的位置

　　C. 只能删除这个剪贴画

　　D. 调整剪贴画的叠放次序，将被遮挡的对象提前

25. 超链接可以链接到（　　）。

　　A. 本文档中　　　　　B. 网页中　　　　　C. 电子邮箱地址　　D. 文件夹

26. 当选中插入的剪贴画时，立刻会增加（　　）选项卡。

　　A. 画图工具 / 格式　　　　　　　　　B. 图片工具 / 格式

　　C. 图表工具　　　　　　　　　　　　D. 格式

27. 下列选项不属于 PowerPoint 2016 版式的是（　　）。

　　A. 标题和表格　　　　B. 空白　　　　　　C. 仅标题　　　　　D. 比较

28. PowerPoint 中，关于表格的说法不正确的是（　　）。

　　A. 要向幻灯片中插入表格，可以切换到普通视图

　　B. 要向幻灯片中插入表格，可以切换到大纲视图

　　C. 可以向表格中输入文本

　　D. 只能插入规则表格，不能在单元格中插入斜线

29. 为所有幻灯片设置统一的、特有的外观风格，应使用（　　）。

　　A. 母版　　　　　　　B. 放映方式　　　　C. 自动版式　　　　D. 幻灯片切换

30. PowerPoint 2016 中的动画刷的作用是（　　）。

　　A. 复制母版　　　　　　　　　　　　B. 复制切换效果

　　C. 复制字符　　　　　　　　　　　　D. 复制幻灯片中对象的动画效果

31. 幻灯片的切换方式是指（　　）。

　　A. 在编辑新幻灯片时的过渡形式

　　B. 在编辑幻灯片时切换不同视图

    C. 在编辑幻灯片时切换不同的设计模板

    D. 在幻灯片放映时两张幻灯片间的过渡形式

32. 在幻灯片母版中,不可以完成下列操作的(　　)操作。

    A. 使相同的图片出现在所有幻灯片的相同位置

    B. 使所有幻灯片具有相同的背景颜色及图案

    C. 使所有幻灯片上预留文本框中的文本具有相同格式

    D. 使所有幻灯片新插入的文本框中的文本具有相同格式

33. 下列关于 PowerPoint 2016 的说法不正确的是(　　)。

    A. 在"审阅"选项卡中可以统计该幻灯片字数

    B. 在"审阅"选项卡中可以新建批注

    C. 在"审阅"选项卡中可以进行拼写检查

    D. 在"审阅"选项卡中能够将本演示文稿同另一演示文稿比较

34. 在 PowerPoint 2016 中,"设计"选项卡可自定义演示文稿的(　　)。

    A. 新文件,打开文件　　　　　　　　B. 表,形状与图标

    C. 背景,主题设计和颜色　　　　　　D. 动画设计与页面设计

35. 光标位于幻灯片窗格中时,单击"开始"选项卡"幻灯片"组中的"新建幻灯片"按钮,插入的新幻灯片位于(　　)。

    A. 当前幻灯片之前　　B. 当前幻灯片之后　C. 文档的最前面　　　D. 文档的最后面

36. 在应用了板式之后,幻灯片中的占位符(　　)。

    A. 不能添加,也不能删除　　　　　　B. 不能添加,但可以删除

    C. 可以添加,也可以删除　　　　　　D. 可以添加,但不能删除

37. "主题"组在功能区的(　　)选项卡中。

    A. 开始　　　　　　　B. 设计　　　　　　　C. 插入　　　　　　　D. 动画

38. 若在 PowerPoint 2016 中设置了颜色和图案,为了打印清晰,应选择(　　)选项。

    A. 图案　　　　　　　B. 颜色　　　　　　　C. 清晰　　　　　　　D. 黑白

39. (　　)是幻灯片缩小之后的打印件,可供观众观看演示文稿放映时参考。

    A. 幻灯片　　　　　　B. 讲义　　　　　　　C. 演示文稿大纲　　　D. 演讲者备注

二、判断题

1. 在 PowerPoint 2016 中创建的一个文档就是一张幻灯片。　　　　　　　　　(　　)

2. PowerPoint 2016 中的"动画刷"工具可以快速设置相同的动画。　　　　　　(　　)

3. 在 PowerPoint 2016 的"视图"选项卡中,演示文稿视图有普通视图、幻灯片浏览、备注页和阅读视图四种模式。　　　　　　　　　　　　　　　　　　　　　　　　　　(　　)

4. 在 PowerPoint 2016 的"设计"选项卡中,可以进行幻灯片的页面设置、主题模板的选择和设计。　　　　　　　　　　　　　　　　　　　　　　　　　　　　　　　　　(　　)

5. 在 PowerPoint 2016 中,可以对插入的视频进行编辑。　　　　　　　　　　(　　)

6. PowerPoint 2016 演示文稿的大纲由单一的标题构成,没有子标题。　　　　(　　)

7. 在 PowerPoint 2016 的"审阅"选项卡中,可以进行拼写检查、语言翻译、中文简繁体转换等操作。　　　　　　　　　　　　　　　　　　　　　　　　　　　　　　　　　(　　)

8. 在 PowerPoint 2016 中,可以改变幻灯片的格式。　　　　　　　　　　　　(　　)

9. 改变母版中的信息,演示文稿中的所有幻灯片将做相应改变。　　　　　（　　　）

10. PowerPoint 2016 提供了自动保存功能,能实现每隔一段时间由系统自动保存正在编辑的演示文稿。　　　　　（　　　）

11. 在应用版式后,占位符不能再添加。　　　　　（　　　）

12. 在幻灯片中,只能加入图片、图标和组织结构图等静态图像。　　　　　（　　　）

13. 启动 PowerPoint 2016 时,系统会自动创建一个默认名为 Book1 的空白演示文稿。　　　　　（　　　）

14. 要选择一组连续的幻灯片,可以先单击第一张幻灯片的缩略图,然后在按住 Ctrl 键的同时,单击最后一张幻灯片的缩略图,即可全部选中。　　　　　（　　　）

15. PowerPoint 2016 可以设置密码保护文档。　　　　　（　　　）

16. 在 PowerPoint 中,对每张幻灯片都有一个专门用于输入演讲者备注的窗口。　　　　　（　　　）

17. 在 PowerPoint 2016 中,可以利用"背景"窗格对背景色进行设置,更改幻灯片的颜色、图案等,但不能使用图片作为幻灯片的背景。　　　　　（　　　）

18. 在 PowerPoint 2016 中,系统通过"打包"对话框给出提示信息,此时可以指定展开文件夹存放的位置。　　　　　（　　　）

19. 演示文稿的设计模板的文件扩展名是 potx。　　　　　（　　　）

20. 幻灯片的背景设置后不可改变。　　　　　（　　　）

三、填空题

1. PowerPoint 2016 生成的演示文稿的默认扩展名为＿＿＿＿＿＿＿＿。

2. 同一个演示文稿中的幻灯片,只能使用＿＿＿＿＿＿＿＿个模板。

3. 要在 PowerPoint 2016 中显示标尺、网络线、参考线,以及对幻灯片母版进行修改,应在＿＿＿＿＿＿＿＿选项卡中进行操作。

4. 在 PowerPoint 2016 中,按＿＿＿＿＿＿＿＿键开始放映当前幻灯片,按＿＿＿＿＿＿＿＿键可以从第一张幻灯片开始放映。

5. 在 PowerPoint 2016 浏览视图中,按＿＿＿＿＿＿＿＿键切换到第一张幻灯片。

6. 在幻灯片放映的过程中,可以按＿＿＿＿＿＿＿＿键终止播放。

7. 在 PowerPoint 2016 中,母版分为三种:＿＿＿＿＿＿＿＿＿、＿＿＿＿＿＿＿＿＿、＿＿＿＿＿＿＿＿。

8. 在 PowerPoint 2016 中,改变幻灯片的播放次序,或通过对某一对象链接到指定文件,可以使用"动作"按钮或＿＿＿＿＿＿＿＿命令。

9. 在 PowerPoint 2016 中,演示模板的默认扩展名是＿＿＿＿＿＿＿＿。

10. 在幻灯片窗格中,输入文本的常用方法有＿＿＿＿＿＿＿＿输入文本和＿＿＿＿＿＿＿＿添加文本两种。

四、操作题

1. 操作题一。

根据提供的素材"员工培训.pptx",按照以下要求对该文档进行美化:

（1）将第二张幻灯片的版式设置为"标题和竖排文字",第四张幻灯片的版式设置为"比较",并为整个演示文稿指定一个恰当的设计主题。

（2）通过幻灯片母版,为每张幻灯片增加利用艺术字制作的水印效果,水印文字应包含"新世界数码"字样,并旋转一定的角度。

（3）根据第五张幻灯片右侧文字的内容,创建一个组织结构图,其中经理助理为助理级别,结果应类似 Word 样例文件"组织结构图样例.docx"中所示,并为该组织结构图添加动画。

（4）为第六张幻灯片右侧的文字"员工守则"添加超链接,并使其链接到 Word 素材文件"员工守则.docx"。

（5）为演示文稿设置幻灯片切换方式。

2. 操作题二。

打开提供的演示文稿"计算机网络.pptx",完成以下操作:

（1）设置第一张幻灯片的标题为红色、华文楷体、56 磅、加粗,并将该幻灯片的背景设置为纹理水滴;给文本添加红色的选中标记项目符号。

（2）将第三张和第四张幻灯片互换位置。

（3）在第二张幻灯片中插入一幅"计算机类"剪贴画,并设置恰当的动画效果。

（4）为第一张幻灯片上的目录内容设置超链接,使其分别链接到第二、三、四张幻灯片,同时在第二、三、四张幻灯片中分别设置动作按钮,使其返回第一张幻灯片。

（5）将第四张幻灯片上的文本行间距设置为 2 行。

（6）为所有幻灯片添加恰当的切换效果。

（7）将素材中提供的音频文件"蜗牛与黄鹂鸟.mp3"插入第一张幻灯片中,并将其设置放映时自动播放直至最后一张幻灯片结束。

（8）为所有幻灯片设计一个恰当的主题。

（9）保存该演示文稿,并观察放映效果。

第6章

计算机网络与 Internet 基础

任务一　接入 Internet，建立连接

任务描述

　　随着公司规模的不断扩大，新盖的办公楼陆续投入使用，一些部门已经搬进了新办公楼。为了尽快实现公司各部门间的信息共享，需要将刚搬进去的多台计算机进行组网，且能通过局域网访问 Internet。公司将任务交给技术部小张，要求小张将公司的所有计算机接入 Internet，并能够打开浏览器浏览网页。

任务目的

　　（1）掌握通过局域网（LAN）接入 Internet 的方法。
　　（2）掌握通过局域网接入 Internet 的参数配置。
　　（3）初步掌握上网的方法。

技能储备

　　（1）独立完成通过局域网接入 Internet 的参数配置。
　　（2）打开浏览器，浏览网站。
　　（1）在 Windows 10 系统桌面中，首先单击"开始"，然后单击"Windows 系统"，再单击"控制面板"，如图 6-1 所示。

图 6-1　"开始"菜单

（2）在打开的"控制面板"窗口中选择"网络和 Internet"，如图 6-2 所示。

（3）在打开的"网络和 Internet"窗口中单击"查看网络状态和任务"，如图 6-3 所示。

图 6-2　"控制面板"窗口

图 6-3　"网络和 Internet"窗口

（4）打开"网络和共享中心"窗口后，单击"更改适配器设置"，如图 6-4 所示。

图 6-4　"网络和共享中心"窗口

（5）打开"网络连接"窗口后，能够看到电脑中本地连接的列表，右击正在使用的本地连接，从弹出的快捷菜单中选择"属性"，如图 6-5 所示。

图 6-5　"网络连接"窗口

（6）在打开的"WLAN 属性"对话框中，找到"Internet 协议版本 4（TCP/IPv4）"选项，如图 6-6 所示，双击该选项。

小提示：IPv4 是目前常用的 IP 协议，IPv6 目前只在教育网上有应用，不过在 IPv4 即将不够用的情况下，IPv6 将是下一代 IP 协议的主打。

（7）在打开的"Internet 协议版本 4（TCP/IPv4）属性"对话框中，选择"使用下面的 IP 地址"选项，然后输入 IP 地址、子网掩码及网关即可，如图 6-7 所示。

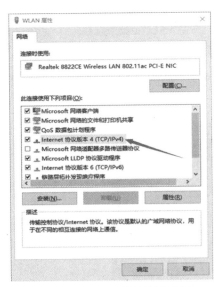

图 6-6　"WLAN 属性"对话框

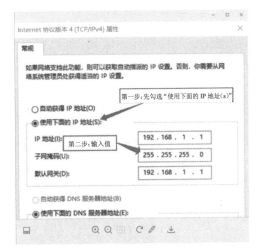

图 6-7　配置 IPv4

（8）打开 IE 浏览器，在地址栏中输入下列网址之一，进行浏览。

http：//www.sina.com.cn（新浪网）

http：//www.sohu.com（搜狐网）

http：//www.baidu.com（百度搜索）

https：//zjy2.icve.com.cn（智慧职教）

http：//www.ryjiaoyu.com/book（人邮教育社区）

（9）经过对网络属性的安装和设置，如果不能正常进入网页，可以通过以下几个方面进行检查。

① 网络检查。

检查局域网是否正常，集线器/交换机的电源是否打开，网线和网卡的连接、网卡和电脑的连接是否正常（电脑背后网卡上的指示灯亮为正常）。

② 系统设置检查。

重新打开"TCP/IP 协议"属性，检查设置是否完全正确，IP 地址是否与其他电脑有冲突等。

③ 用 ping 命令检查。

打开命令提示符窗口，首先测试一下与外网是否连通。比如，测试一下是否与百度连通，可以输入"ping www.baidu.com"后按 Enter 键，然后就有反馈的信息了。如果有数据回复，并且不超时，说明网络是连通的，如图 6-8 所示；如果网络不连通，则显示 Request time out，如图 6-9 所示。

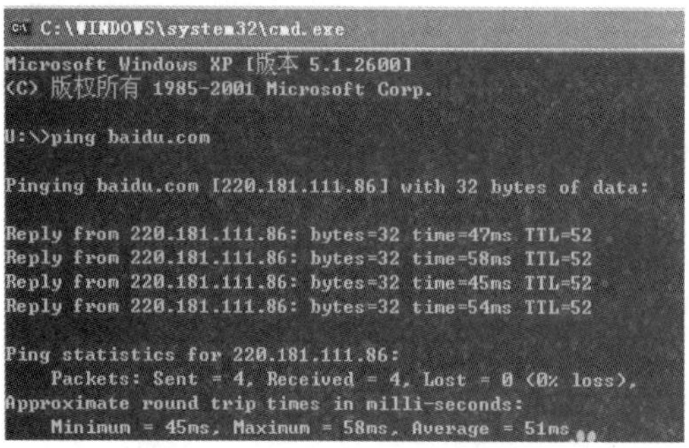

图 6-8 命令提示符——网络连通

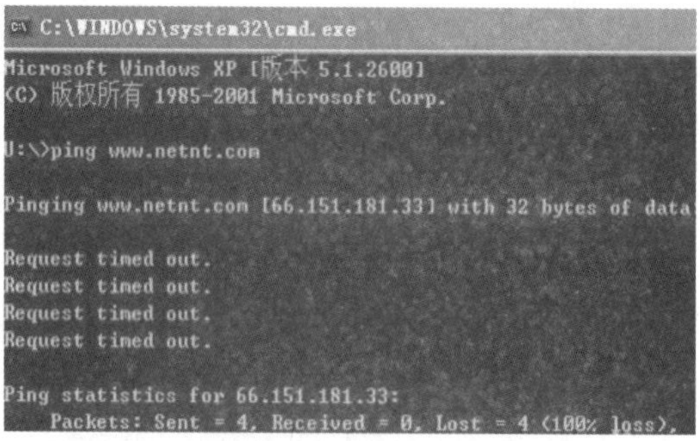

图 6-9 命令提示符——网络不连通

如果想测试一下内网是否连通，可以 ping 一下网关，如 ping 192.168.70.1，运行结果如图 6-10 所示。

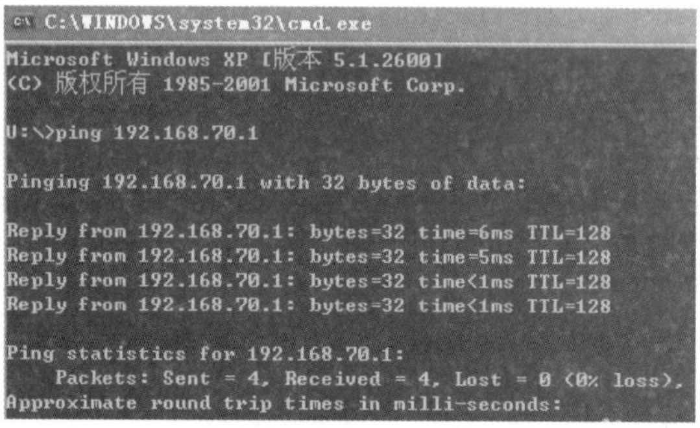

图 6-10 命令提示符——测试内网

任 务 实 施

为了响应国家号召，公司每年都要出关于环境保护的宣传海报，由于对大部分关于环境保护的信息不是很熟悉，小王需要到使用 IE 浏览器到互联网上去查找一些资料。

任务二 电子邮箱的申请与使用

任 务 描 述

项目主管让小张在互联网上查找一些资料，小张整理好相关资料后不知如何在互联网上通过 E-mail 传递信息。让我们帮助小张通过浏览器申请一个免费电子邮箱，并进行收发邮件、管理邮件等工作。

任 务 目 的

（1）掌握免费邮箱的申请方法。
（2）掌握通过浏览器进入自己的电子邮箱、收发邮件、管理邮箱的方法。

技 能 储 备

（1）申请个人免费电子邮箱。

（2）收发邮件、管理邮箱。

1. 申请一个免费邮箱

注意：申请过程中要求记住电子邮箱地址、密码、接收邮件（POP3）和发送邮件（SMTP）服务器地址。推荐以下几个网站：

mail.163.com（网易 163 邮箱）　　POP3：pop3.163.com　　SMTP：smtp.163.com

www.126.com（网易 126 邮箱）　　POP3：pop3.126.com　　SMTP：smtp.126.com

mail.21cn.com（21CN 邮箱）　　POP3：pop.21cn.com　　SMTP：smtp.21cn.com

同学们也可以互相推荐一些好的免费电子邮箱网站。

下面主要讲解如何利用网易 163 申请一个免费邮箱。

（1）在浏览器中输入"https://mail.163.com/"，然后按 Enter 键，进入"163 网易免费邮"界面，如图 6-11 所示。

（2）单击"注册新账号"按钮，进入"注册网易免费邮箱"窗口，按要求输入邮箱名称、密码等信息，如图 6-12 所示，之后单击"立即注册"按钮，这时可以看到系统提示邮箱注册成功的信息提示，如图 6-13 所示。

图 6-11　网易 163 邮箱首页

图 6-12　邮箱注册

图 6-13　注册成功的信息提示

（3）单击"进入邮箱"按钮，进入申请的免费邮箱，如图 6-14 所示。

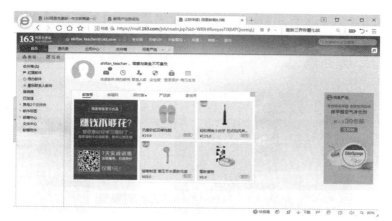

图 6-14　进入邮箱首页

2. 收发邮件

（1）单击"收件箱"，进入"收件箱"界面，查看所有的电子邮件列表，如图 6-15 所示。

图 6-15　"收件箱"界面

（2）单击"收件箱"中的未读邮件,查看此邮件的具体内容,如图 6-16 所示。

图 6-16　查看邮件的具体内容

（3）单击"写信"按钮,进入"发送"界面,在此页面要设置好邮件的收件人邮箱地址、邮件的主题以及邮件内容等,如图 6-17 所示。

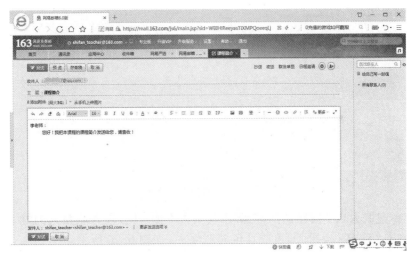

图 6-17　"发送"界面

（4）添加邮件附件。在发送邮件时,如果要发送的内容过多,可以以附件的形式发送而不必全部显示在邮件正文中。在图 6-18 所示的窗口中,单击"添加附件"按钮,将会弹出"打开"对话框,选择好要上传的文件后,单击"打开"按钮即可将文件上传,完成附件上传后的界面如图 6-18 所示。

　　如果有多个附件,可以继续单击"添加附件"按钮,重复之前的操作;如果要删除某个附件,只需要单击该附件右侧的"删除"按钮即可。

（5）创建地址簿。单击页面顶端的"通讯录"链接,进入"通讯录"界面,如图 6-19 所示。此界面提供了三种创建联系人的方式:可以新建一个联系人,也可以通过导入指定格式的文件创建联系人,还可以将其他邮箱的通讯录直接导入。下面以新建联系人的方式为例,介绍创建地址簿的方法。

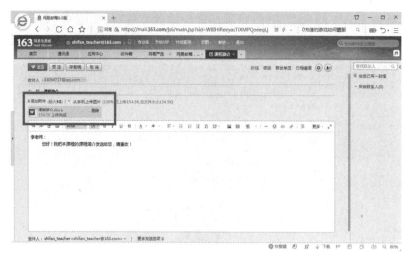

图 6-18　完成附件上传的邮件

图 6-19　"通讯录"界面

① 单击"新建联系人"按钮,打开"新建联系人"对话框,输入联系人的姓名、邮箱等必须填的信息后,单击"确定"按钮,即可成功创建联系人,如图 6-20 所示。

图 6-20　"新建联系人"对话框

② 在新建联系人时,如果要分组保存联系人,可以单击图 6-20 中的"分组"右侧的"请选择"按钮,在弹出的"新建联系人"对话框中选择分组,如果没有分组,可以通过对话框中的"新建分组"按钮创建一个分组。

③ 重复上述操作,可以创建多个联系人。图 6-21 所示的是创建了"同学"分组以及三个联系人的通讯录,当光标悬浮在右侧的某个联系人上时,右侧会出现"写信""编辑"及"删除"图标 ⊠ ⌀ 🗑 ,可以进行相关操作。

图 6-21　创建联系人后的"通讯录"界面

任 务 实 施

小王的计算机最近出现了一些异常,小王认为电脑中了某种病毒,为了清除计算机中的病毒,他打算在计算机上安装 360 杀毒软件,安装完成后,对计算机进行一次扫描,检查计算机的基本情况,并记录下来。

综合练习

一、单项选择题

1. 用来补偿数字信号在传输过程中的衰减损失的设备是(　　)。

　　A. 网络适配器　　　　B. 集线器　　　　　C. 中继器　　　　　　D. 路由器

2. TCP/IP 参考模型中的传输层对应 OSI 中的(　　)。

　　A. 会话层　　　　　　B. 传输层　　　　　C. 表示层　　　　　　D. 应用层

3. 下列选项中属于集线器功能的是(　　)。

　　A. 增加局域网络的上传速度　　　　　　　B. 增加局域网络的下载速度

　　C. 连接各电脑线路间的媒介　　　　　　　D. 以上皆是

4. 下列叙述不正确的是(　　)。

　　A. 网卡的英文简称是 NIC

　　B. TCP/IP 模型的最高层是应用层

　　C. 国际标准化组织提出的开放系统互连参考模型(OSI)有七层

　　D. Internet 采用 OSI 体系结构

5. 选择网卡的主要依据是组网的拓扑结构、网络段的最大长度、节点之间的距离和(　　)。

A. 接入网络的计算机种类 B. 使用的传输介质的种类

C. 使用的网络操作系统的类型 D. 互联网络的规模

6. 关于 Internet 在中国的发展,下列说法正确的是(　　　)。

A. Internet 在中国发展的第一阶段就建立了代表中国的最高层域名服务器

B. 代表中国的最高域名服务器是在 CERNet 上建立的

C. NCFC 是我国最早接入 Internet 的网络

D. Internet 在中国发展的第一阶段就允许进入 Internet 骨干网 NSFNet

7. www.gnu.edu.cn 是(　　　)。

A. 政府机构网站　　B. 教育机构网站　　C. 非营利机构网站　　D. 商用机构网站

8. 通过(　　　)可以把自己喜欢的或经常上的 Web 页保存下来,这样以后就能快速打开这些网站。

A. 回收站　　　　　B. 浏览器　　　　　C. 我的电脑　　　　　D. 收藏夹

9. 下列不属于"Internet 协议(TCP/IP)属性"对话框选项的是(　　　)。

A. IP 地址　　　　　B. 子网掩码　　　　　C. 诊断地址　　　　　D. 默认网关

10. 电话拨号上网是利用现成的电话线路,通过(　　　)将计算机连入 Internet。

A. Router　　　　　B. Modem　　　　　C. Hub　　　　　D. NIC

11. 下列选项不正确的是(　　　)。

A. 计算机网络由计算机系统、通信链路和网络节点组成。

B. 从逻辑功能上,可以把计算机网络分成资源子网和通信子网两个子网

C. 网络节点主要负责网络中信息的发送、接收和转发

D. 资源子网提供计算机网络的通信功能,由通信链路组成

12. CERNet 是指(　　　)。

A. 中国科技网 B. 中国金桥网

C. 中国教育和科研计算机网 D. 中国互联网

13. DNS 是指(　　　)。

A. 文件传输协议 B. 域名服务器

C. 用户数据报协议 D. 简单邮件传输协议

14. bps 是(　　　)的单位。

A. 数据传输速率　　B. 信道宽度　　　　C. 信号能量　　　　D. 噪声能量

15. 目前大量使用的 IP 地址中,(　　　)地址的每一个网络的主机个数最多。

A. A 类　　　　　　B. B 类　　　　　　C. C 类　　　　　　D. D 类

16. 210.44.8.88 代表一个(　　　)类 IP 地址。

A. A　　　　　　　B. B　　　　　　　C. C　　　　　　　D. D

17. 域名和 IP 地址之间的关系是(　　　)。

A. 一个域名对应多个 IP 地址 B. 域名是 IP 地址的字符表示

C. 域名与 IP 地址没有关系 D. 访问页面时,只能使用域名

18. 广域网的英文缩写为(　　　)。

A. WAN　　　　　　B. MAN　　　　　　C. JAN　　　　　　D. LAN

19. 在计算机网络中,通信子网的主要作用是(　　　)。

A. 负责整个网络的数据处理业务 B. 向网络用户提供网络资源

C. 向网络用户提供网络服务　　　　　　D. 提供计算机网络的通信功能

20. 用户可以使用（　　）命令检测网络连接是否正常。

    A. ping　　　　　　　　B. FTP　　　　　　　　C. Telnet　　　　　　　D. IPConfig

21. 在 Win10 中,用于检查 TCP/IP 网络中配置情况的是（　　）。

    A. IPConfig　　　　　　B. ping　　　　　　　　C. IFConfig　　　　　　D. IPChain

22. IPv 6 是一种（　　）。

    A. 协议　　　　　　　　B. 图像处理软件　　　C. 浏览器　　　　　　　D. 字处理软件

23. 下列网络类型中,（　　）是按拓扑结构划分的网络分类。

    A. 混合型网络　　　　B. 公用网　　　　　　C. 城域网　　　　　　　D. 无线网

24. 资源子网由（　　）组成。

    A. 主机、终端控制器、终端　　　　　　　B. 计算机系统、通信链路、网络节点

    C. 主机、通信链路、网络节点　　　　　　D. 计算机系统、终端控制器、通信链路

25. 下列（　　）不是典型的网络拓扑结构。

    A. 树形　　　　　　　　B. 星形　　　　　　　　C. 发散形　　　　　　　D. 总线型

26. IE 是一种（　　）。

    A. 图像处理软件　　　B. 浏览器　　　　　　C. 字处理软件　　　　　D. 协议

二、多项选择题

1. 从物理上讲,计算机网络由下列（　　）组成。

    A. 计算机系统　　　　B. 通信链路　　　　　C. 通信协议　　　　　　D. 网络节点

2. 计算机网络的主要功能有（　　）。

    A. 分布式处理　　　　　　　　　　　　　B. 资源共享

    C. 数据通信　　　　　　　　　　　　　　D. 提高系统的可靠性稳定性

3. 我国提出建设的"三金"工程是（　　）。

    A. 金桥　　　　　　　　B. 金税　　　　　　　　C. 金卡　　　　　　　　D. 金关

4. 关于 Internet,下列说法正确的是（　　）。

    A. 中国通过中国电信的 ChinaNet 才能接入 Internet

    B. 一台 PC 要接入 Internet,必须支持 TCP/IP 协议

    C. Internet 是由许多网络互连组成的

    D. Internet 无国界

5. 计算机网络常用的拓扑结构有（　　）。

    A. 星形　　　　　　　　B. 树形　　　　　　　　C. 总线型　　　　　　　D. 环形

6. 接入 Internet 的方法有（　　）。

    A. 局域网接入　　　　　　　　　　　　　B. 主板接入

    C. 电话拨号上网接入　　　　　　　　　　D. 无线接入

7. 下列关于 E-mail 功能的说法不正确的有（　　）。

    A. 利用转发功能,可以将邮件转发给其他人

    B. 用户写完邮件必须立即发送

    C. 在发送电子邮件时,一次只能发送给一个人

    D. 用户读完电子邮件后,邮件将自动从服务器中删除

8. 下列关于域名的叙述正确的是(　　　)。

　A. cn 代表中国,gov 代表政府机构

　B. ca 代表美国,com 代表非营利机构

　C. au 代表澳大利亚,gov 代表教育机构

　D. us 代表美国,net 代表网络机构

三、判断题

1. LAN 和 WAN 的主要区别是通信距离和传输速度。　　　　　　　　　　　　(　　　)

2. 度量网络传输速度的单位是波特,有时也称作调制率。　　　　　　　　　　(　　　)

3. TCP/IP 是一个事实上的国际标准。　　　　　　　　　　　　　　　　　　(　　　)

4. HTTP 协议是一种电子邮件协议。　　　　　　　　　　　　　　　　　　　(　　　)

5. 要将计算机连接到网络,必须在计算机上安装相应的网络组件。　　　　　　(　　　)

6. Win10 中的 ping 命令可以判定数据到达目的主机经过的路径,显示路径上各个路由器的信息。　　　　　　　　　　　　　　　　　　　　　　　　　　　　　　　　　　　(　　　)

7. 在 Win10 中,某一个文件夹不能同时被多台计算机共享访问。　　　　　　　(　　　)

8. 用户在连接网络时,可以使用 IP 地址或域名地址。　　　　　　　　　　　(　　　)

9. 在电子邮件中传送文件,可以借助电子邮件中的附件功能。　　　　　　　　(　　　)

10. 同一个 IP 地址可以有若干个不同的域名,但每个域名只能有一个 IP 地址与之对应。　　　　　　　　　　　　　　　　　　　　　　　　　　　　　　　　　　　　(　　　)

11. 当个人计算机以拨号方式接入因特网时,必须使用的设备是电话。　　　　　(　　　)

12. Telnet 命令用于测试网络是否连通。　　　　　　　　　　　　　　　　　(　　　)

四、填空题

1. 计算机网络根据覆盖范围,可以分为_____、_____和_____,其中_____主要用来构造一个单位的内部网。

2. 我们通常将网络传输介质分为_____和_____两大类。

3. 地址 ftp://218.0.0.213 中的 ftp 是指_____,其主要作用是_____。

4. 中国教育和科研计算机网的英文简称是_____。

5. 从逻辑功能上看,可以把计算机网络分为_____和_____两个子网。

6. 计算机共享资源主要是指计算机的_____、_____和_____。

7. 计算机网络按_____可以分成总线型网络、星形网络、环形网络、树状网络和混合型网络等。

8. 把域名转换成 IP 地址的过程称为_____,通过_____实现。

9. WWW 系统使用的协议是_____。

五、上机操作题

按以下要求修改本地连接属性。

IP 地址:192.168.1.1

子网掩码:255.255.255.0

默认网关:192.168.1.2

DNS:202.102.152.3

扫一扫

第7章

多媒体技术与应用

任务一　Photoshop 的基本操作

任务描述

　　王丽即将参加工作,简历、各种考试报名等文件中用到的证件照太多了。为了方便使用,王丽决定自己制作常见底色的证件照。她是怎么完成的呢?让我们一起学习一下吧!

任务目的

　　(1)更换证件照的背景。
　　(2)转换证件照片的规格。
　　(3)制作1寸照片。
　　(4)更改照片的颜色。

技能储备

根据提供的实验素材,完成实验目的中的相关操作。

1. 更换证件照的背景

将证件照更换任意颜色的背景,实验效果见实验素材文件中的"换背景.jpg"。

(1)启动 Photoshop CS6 后,单击"文件"→"打开"命令,在打开的"打开"对话框中选择实验素材文件中的"证件照.jpg",打开该图像。

(2)使用快速选择工具选出人物部分,并对选中的区域进行收缩和羽化操作:单击"选择"→"修改"命令,然后找到"收缩"和"羽化"命令,各执行1个像素的操作,效果如图 7-1 所示。

(3)按下 Ctrl+J 快捷键,实现拷贝图层的功能,这时会发现图层面板中多了一个"图层 1",如图 7-2 所示。

(4)按下 Shift+Crtl+N 快捷键,弹出"新建图层"对话框,如图 7-3 所示,单击"确定"按钮,创建"图层 2"。

(5)对新建的图层填充颜色:单击"编辑"→"填充"命令,在弹出的"填充"对话框中将"使用"选项选择"颜色",如图 7-4 所示,选择你想要的颜色(这里选择蓝色),然后单击"确定"按钮。

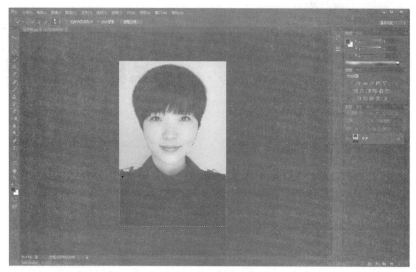

图 7-1　收缩和羽化

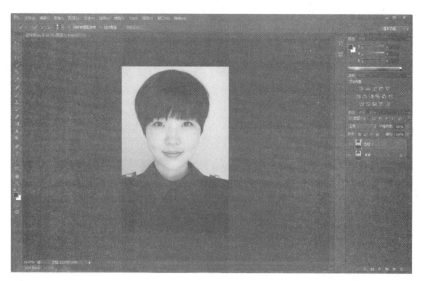

图 7-2　图层拷贝

图 7-3　新建图层

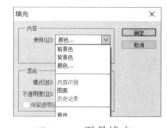

图 7-4　图层填充

（6）将"图层 2"拖拽到"图层 1"的下方，更换背景完成，效果如图 7-5 所示。

（7）单击"文件"→"存储为"命令，打开"存储为"对话框，将"格式"设置为"JPEG"，"文件名"设置为"换背景.jpg"，如图 7-6 所示。单击"保存"按钮，弹出"JPEG 选项"对话框，在"图像选项"中将滑块拖到最右端的"大文件"位置,"品质"为"12""最佳",如图7-7所示,单击"确定"按钮,完成图片的保存。

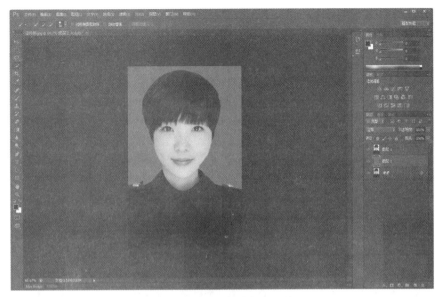

图 7-5　更换背景完成图片

图 7-6　文件存储

图 7-7　格式选择

2. 转换证件照片的规格

要求图片规格为 390×567 像素(宽×高),分辨率为 72 像素 / 英寸,格式为 JPG 格式,实验效果见实验素材文件中的"转换规格.jpg"。

(1)启动 Photoshop CS6 后,单击"文件"→"打开"命令,在"打开"对话框中选择实验素材文件中的"证件照.jpg",打开该图像。

(2)在工具箱中选取"剪裁"工具。在工具参数栏的"宽度"文本框中输入"390 像素","高度"文本框中输入"567 像素",如图7-8所示。在图像窗口中拖动剪裁框,注意四周剪裁线的位置,如图7-9所示,在裁剪区域内双击或按下Enter键完成裁剪操作。

(3)单击"文件"→"存储为"命令,在打开的"存储为"对话框中设置保存位置,将"文件名"设置为"转换规格.jpg,单击"保存"按钮,在出现的"JPEG选项"对话框中将"品质"选择"最佳",单击"确定"按钮,完成图片的保存。

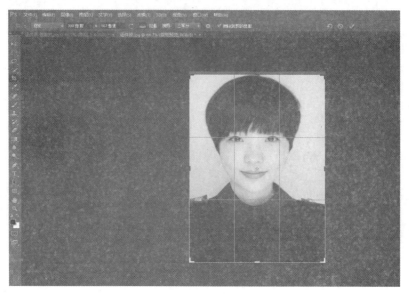

图7-8　图片裁剪参数

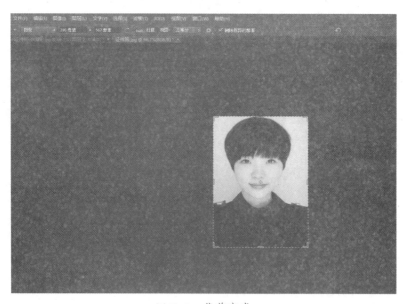

图7-9　裁剪完成

3. 制作1寸照片

制作1寸(2.5厘米×3.5厘米)证件照,格式为JPG格式,分辨率为300像素/英寸,并将8小张置于5寸(12.7厘米×8.9厘米)大小的相纸上,按5寸照片冲印。实验效果见实验素材文件中的"8张1寸照片.jpg"。

（1）启动 Photoshop CS6 后，单击"文件"→"打开"命令，在打开的"打开"对话框中选择实验素材文件中的"证件照.jpg"，打开该图像。

（2）在工具箱中单击"裁剪工具"按钮，在工具参数栏中选择"大小和分辨率"，如图 7-10 所示，将宽度设置为 2.5 厘米，高度设置为 3.5 厘米，分辨率设置为 300 像素／英寸。拖出裁剪范围，如图 7-11 所示，在裁剪区域内双击或按下 Enter 键完成裁剪操作。

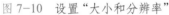

图 7-10 设置"大小和分辨率"　　　　　图 7-11 裁剪完成

（3）四周加白边。单击"图像"→"画布大小"命令，弹出"画布大小"对话框，在"新建大小"栏中，将"宽度"设置为"2.9 厘米"，"高度"设置为"3.9 厘米"，"画布扩展颜色"设置为"白色"，如图 7-12 所示，单击"确定"按钮。

（4）添加剪切线。使用 Ctrl+A 快捷键全选图像，周边会出现矩形选区。单击"编辑"→"描边"命令，在弹出的"描边"对话框中，将"宽度"设置为"1 px"，"颜色"设置为"红色"，"位置"选择"内部"，如图 7-13 所示，单击"确定"按钮。使用 Ctrl+D 快捷键，可以取消选区。

图 7-12 设置画布大小　　　　　图 7-13 添加剪切线

（5）单击"编辑"→"定义图案"命令，在"图案名称"对话框中，将"名称"设置为"证件照.jpg"，如图 7-14 所示，单击"确定"按钮，将带有白边的 1 寸照片自定义为图案备用。

图 7-14 定义图案

（6）单击"文件"→"新建"命令，在弹出的"新建"对话框中，将"宽度"设置为"11.62厘米"，"高度"设置为"7.81厘米"，"分辨率"设置为"300像素／英寸"，"背景内容"设置为"白色"，如图7-15所示，单击"确定"按钮，建立空白图像。

图7-15　新建文件窗口

（7）单击"编辑"→"填充"命令，在打开的"填充"对话框中，将"内容"栏中的"使用"选择"图案"，"自定图案"中选择刚刚定义的1寸照片图案，如图7-16所示，单击"确定"按钮，填充后的效果如图7-17所示。

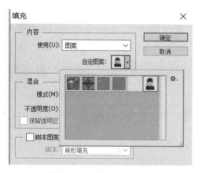

图7-16　填充图案

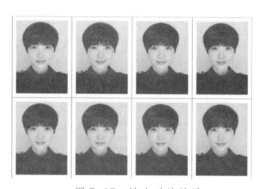

图7-17　填充后的效果

（8）将图像扩展为5寸照片大小。单击"图像"→"画布大小"命令，在打开的"画布大小"对话框中，将"宽度"设置为"12.7厘米"，"高度"设置为"8.9厘米"，"画布扩展颜色"设置为"白色"，如图7-18所示，单击"确定"按钮，最终效果如图7-19所示。

图7-18　设置画布

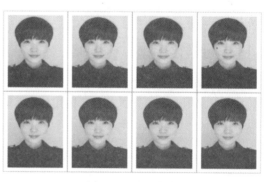

图7-19　最终效果

（9）单击"文件"→"存储为"命令，在弹出的"存储为"对话框中，将"文件名"设置为

"8 张 1 寸照片.jpg",单击"保存"按钮,在弹出的"JPEG 选项"对话框中,将"品质"选择"最佳",单击"确定"按钮,完成图片的保存。

4. 更改照片的颜色

要求将一幅彩色照片制作成怀旧照片的效果,实验效果见实验素材文件中的"调整颜色.jpg"。

(1)启动 Photoshop CS6 后,单击"文件"→"打开"命令,在"打开"对话框中选择实验素材文件中的"彩照.jpg",打开该图像。

(2)使用 Ctrl+J 快捷键复制图层,即可在图层面板中自动创建"图层 1",如图 7-20 所示。

(3)要想在不破坏原始图像的情况下处理图片,可以将图片转换为智能图片,这样可以保留原始影像,以备日后不时之需。在图层 1 上右击,从弹出的快捷菜单中选择"转换为智能对象",如图 7-21 所示。

图 7-20　创建图层

图 7-21　右键快捷菜单

(4)单击"滤镜"→"杂色"→"添加杂色"命令,在弹出的"添加杂色"对话框中勾选"单色",即可在总量部分自行调整,主要用来营造相片放久时产生的粗糙感觉,如图 7-22 所示。

(5)单击"图层"→"新建调整图层"→"渐变映射"命令,弹出"新建图层"对话框,如图 7-23 所示,单击"确定"按钮后,即可新增一个"渐变映射 1"的调整图层。

图 7-22　添加杂色

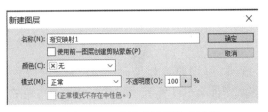

图 7-23　"新建图层"对话框

（6）单击"调整"选项卡，将"渐变映射"设置为"黑，白渐变"，如图 7-24 所示。

（7）单击"图层"→"新建"→"图层"命令（或者用 Ctrl+Shift+N 快捷键），在弹出的"新建图层"对话框中单击"确定"按钮，即可新增一个"图层 2"。设置前景色为橄榄绿，按 Alt+Delete 快捷键填充，并将"图层"的混合模式设置为"柔光"，"不透明度"设置为"77%"，如图 7-25 所示。

（8）用同样的方法，单击"图层"→"新建"→"图层"命令（或者用 Ctrl+Shift+N 快捷键），在弹出的"新建图层"对话框中单击"确定"按钮，即可新增一个"图层 3"。设置前景色为咖啡红，按 Alt+Delete 快捷键填充，并将"图层"的混合模式设为"柔光"，如图 7-26 所示。

图 7-24　渐变映射

图 7-25　新建"图层 2"

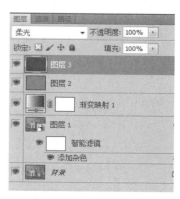

图 7-26　新建"图层 3"

（9）为图层 3 添加一个"图层蒙版"。单击"图层"面板下方的"图层蒙版"按钮，然后选择"渐变工具"按钮，设置黑白渐变色，并在蒙版上拖拽，将上面的部分遮掩起来，如图 7-27 所示。

图 7-27　添加"图层蒙版"

（10）至此，怀旧照片效果已完成。单击"文件"→"存储为"命令，在打开的"存储为"对话框中，将"文件名"设置为"调整颜色.jpg"，单击"保存"按钮后，在出现的"JPEG 选项"对话框中，将"品质"选择"最佳"，单击"确定"按钮，完成图片的保存。

任 务 实 施

　　王丽在制作证件照的过程中,发现有的文件需要一寸照片,有的文件需要二寸照片。我们已经会制作一寸照片了,那么怎么制作二寸证件照呢?请大家试一下吧!

　　(1)在 Photoshop 中打开需要的任务照片,因为照片的大小尺寸不符合规定,故用到裁剪工具进行裁剪。

　　在工具箱中找到裁剪工具,或者按下 C 键,然后在上面的属性栏进行如下设置:宽度为 3.5 厘米,高度为 5.3 厘米,分辨率为 300,如图 7-28 所示。

图 7-28　设置照片尺寸

　　(2)用裁剪工具在图像中拖动构图,保留需要显示的部分。裁剪后的图片如图 7-29 所示。

　　可以单击“图像”→“图像大小”命令来检验裁剪的图片是否符合二寸照片的大小。如图 7-30 所示,在“文档大小”中,我们可以看到高、宽、分辨率都是符合二寸照片尺寸的。这样,一个单张的二寸照片就做好了。

图 7-29　裁剪后的图片

　　(3)单击“图像”→“画布大小”命令,弹出“画布大小”对话框。为了拼版后裁剪方便,我们在人像的上、下、左、右各多出 3 个像素的白边,以方便裁剪。例如,原始宽度为 413 像素,左、右各增加 3 个像素,也就是 419 像素。同样,高度也是上、下各增加 3 个像素,为 632 像素,如图 7-31 所示。画布扩展颜色就是多出来的白边,我们选择“白色”,然后单击“确定”按钮。

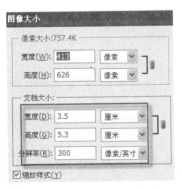

图 7-30　“图像大小”对话框

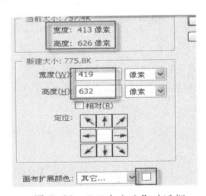

图 7-31　“画布大小”对话框

　　(4)单击“编辑”→“定义图案”命令,在弹出的“图案名称”对话框中,将“名称”命名为“二寸”,单击“确定”按钮。

　　(5)为了降低成本,通常都是一版几张的,如五寸相纸可以排下 4 张完整的二寸照片。因此,我们在 Photoshop 中新建一个文件,设置文件大小为五寸相纸的尺寸(名称:ps 制作二寸照片,宽度:8.9 厘米,高度:12.7 厘米,分辨率:300,颜色模式:RGB),如图 7-32 所示。

　　(6)单击“编辑”→“填充”命令,弹出“填充”对话框,找到刚才定义的二寸照片,如图 7-33 所示。

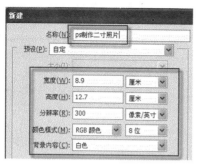

图 7-32　设置文件相关信息　　　　　　图 7-33　查找照片

（7）再次使用裁剪工具对画布中不完整、不需要的部分进行裁剪。选择裁剪工具后，单击裁剪工具属性栏中的"清除"按钮，将之前的设置参数清除，在画布中拖到不受约束裁剪，如图7-34 所示。

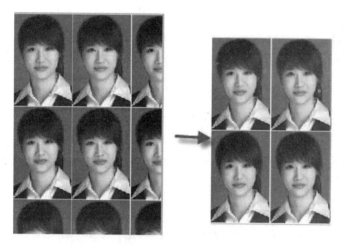

图 7-34　裁剪照片

（8）通常，打印的图片格式保存为 TIFF，使图像不损失颜色细节。

王丽自己动手做出了需要的各种颜色、各种规格的证件照，心里高兴极了，对找工作也充满了信心和动力。大家学会了吗？

任务二　Premiere 的基本操作

任务描述

公司经理发给王丽一些照片、视频等素材，想让她给做出卷轴展开的效果。

任务目的

（1）制作小视频。

（2）为视频添加马赛克效果。

　技 能 储 备

根据提供的实验素材,完成实验目的中的相关操作。

1. 制作小视频

(1)创建一个新项目。

启动 Premiere,选择"新建项目",打开"新建项目"对话框,设置项目的位置,然后单击"确定"按钮,在弹出的"新建序列"对话框中对序列文件进行简单设置。例如,在"序列预置"选项卡的"预置模式"中,将"DV-PAL"设置为"标准 48 kHz",如图 7-35 所示;在"常规"选项卡中,设置"编辑模式"为"桌面编辑模式","时间基准"为"29.97 帧/秒","画面大小"为"320×240","像素纵横比"为"D1/DV NTSC(0.9091)",如图 7-36 所示。

　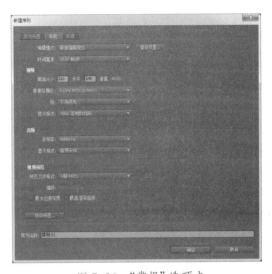

图 7-35　"序列预置"选项卡　　　　图 7-36　"常规"选项卡

在"序列名称"中输入名称,单击"确定"按钮。

(2)导入素材。

将"小视频素材"文件夹下的图片素材"01~12.jpg""text.tif"和"诗.prtl"导入项目窗口中。

① 单击"文件"→"导入"命令,打开"导入"对话框,如图 7-37 所示。

② 双击"项目"窗口的空白处,打开"导入"对话框。

③ 右击项目窗口的空白处,从弹出的菜单中选择"导入",打开"导入"对话框。

(3)对素材进行编辑。

在项目窗口中,右击"01.jpg"图片,在弹出的菜单中选择"速度/持续时间",在打开的"素材速度/持续时间"对话框中将"持续时间"修改为"00:00:04:00",如图 7-38 所示;用同样的方法,将"02~12.jpg"的所有图片的"持续时间"均改为"00:00:04:00";将"text.tif"的"持续时间"改为"00:00:48:00"。

(4)组合素材片段。

将项目窗口中的素材"01~12.jpg"拖动到时间线窗口中的视频 1 轨道上,使素材 01.jpg 的切入点在 0 秒的位置,然后依次排列其余素材。

图 7-37　导入素材

图 7-38　"素材速度/持续时间"对话框

（5）添加视频转换效果。

① 选择"窗口/特效"命令，在开启的特效面板的"自定义"中输入"跟踪缩放"，将该效果拖动到时间线窗口中素材 01.jpg 的结尾处，为素材 01.jpg 和 02.jpg 之间添加跟踪缩放样式的转场效果。

② 在时间线窗口中，单击素材 01.jpg 和 02.jpg 之间的视频转换效果的图标，在打开的"特效控制"面板中，将转换效果的持续时间的值改为 00：00：02：00，使转换效果的持续时间为 2 秒。

③ 用同样的方法，依次为视频 1 轨道中其余的相邻素材间添加转化效果：方格擦除、风车、带状滑行、螺旋盒子、棋盘格、涂料泼溅、滑行带子、漩涡、交叉溶解、圆形划像，并将各个转换效果的持续时间改为 2 秒。

（6）添加视频效果。

① 将项目窗口中的素材"text.tif"拖动到时间线窗口中的视频 2 轨道上，并使其入点在 0 秒的位置。

② 选择"窗口/特效"命令，在开启的特效面板的"自定义"中输入"色彩平衡（rgb）"，并将该效果拖动到视频轨道 2 的素材上。

③ 打开"特效控制"面板，单击"色彩平衡（rgb）"选项组前面的三角形按钮，将其展开。

a. 将时间指针放到 0 秒处，单击"red""green""blue"前的"固定动画"按钮，将这三项的值都设置为 200。

b. 将时间指针放到 16 秒处，单击"red""green""blue"后的"添加/删除关键帧"按钮，将这三项的值设置为 80、0、200。

c. 将时间指针放到 32 秒处，单击"red""green""blue"后的"添加/删除关键帧"按钮，将这三项的值设置为 200、200、0。

d. 将时间指针放到 48 秒处，单击"red""green""blue"后的"添加/删除关键帧"按钮，将这三项的值都设置为 100。

（7）添加字幕效果。

① 单击"文件"→"新建"→"color matte"命令，打开"色彩"对话框，设置 RGB 的值为（255，255，0），并将其保存为"color matte"，自动导入项目中。

② 将素材"color matte"拖动到时间线窗口的视频 3 轨道上，选择视频 3 轨道中的素材"color matte"，然后在其对应的"特效控制"面板中设置"运动"选项中的"位置"选项，其值为

160×340（将其置于窗口下方,只显示一条）,最后将其持续时间设置为 48 秒。

③ 单击"时间线"→"添加轨道"按钮,设置添加视频轨道的值为 1,然后单击"确定"按钮,为时间线窗口添加一个视频轨道(叫作视频 4)。

（8）将素材"诗"拖动到时间线窗口的视频 4 轨道上,然后将其持续时间设置为 48 秒。

选择视频 4 轨道中的素材"诗",然后在其对应的"特效控制台"面板中设置"运动"选项中的"位置"选项,其值为 160×160（让其在黄色块显示）。

（9）添加音频效果。

将文件"1.wav"导入项目中,然后将其拖动到时间线窗口的音频 1 轨道中。

（10）输出影片。

单击"文件"→"导出"→"媒体"命令,选择存放的位置后,单击"确定"按钮。

2. 为视频添加马赛克效果

（1）打开下载的视频,将视频放到视频 1 轨道上,右击轨道上的素材,从弹出的快捷菜单中选择"解除视音频链接",如图 7-39 所示。

（2）再次将视频放到视频 2 轨道上,右击轨道上的素材,从弹出的快捷菜单中选择"解除关联",删除"音频 2"轨道中的声音。

（3）在视频 2 中,利用"剃刀"工具裁剪出一段需要添加马赛克的素材,如 05:03 ～ 10:00 秒的这段素材。

（4）找到特效:马赛克（单击"视频特效"→"风格化"→"马赛克"）,并将该特效拖动添加到视频 2 中裁剪出的那段素材上。

图 7-39　右键快捷菜单

（5）在该段素材的特效控制面板中设置各项的值,以调节马赛克的方格效果。

（6）找到特效:4 点无用信号遮罩（单击"视频特效"→"键控"→"4 点无用信号遮罩"）,将该特效拖动添加到素材中。

（7）在该素材的特效控制面板中,单击选中"4 点无用信号遮罩",在"监视器"窗口中就会出现有 4 个节点的调节框,拖动调节框的 4 个节点,即可改变遮罩的范围。

（8）把视频 2 轨道上没用的视频删除。

（9）重复一遍 15:13 ～ 18:00 秒,做出马赛克效果。

任 务 实 施

制作卷轴横向展开的效果。

要求:

（1）新建项目与序列,将素材导入项目文件中。

（2）将素材添加到适当的视频轨道上,设置左、右轴的运动位置参数,实现左、右轴同时向外展开的运动效果。

（3）双侧平推门转场特效的应用:利用"视频切换"特效中"擦除"分项中的"双侧平推门"转场特效,实现风景画布从中间向左、右方向展开的效果。

（4）利用双侧平推门转场特效,再次实现画布收缩的效果。

（5）再次设置左、右轴的运动位置参数,实现左、右轴向中间移动的收缩效果。

（6）利用关键帧的参数设置,实现两个轴与画布同步的动画效果。

一、选择题

1. 多媒体技术的产生与发展是人类社会需求与科学技术发展相结合的结果,那么多媒体技术诞生于(   )。

    A. 20 世纪 60 年代   B. 20 世纪 70 年代

    C. 20 世纪 80 年代   D. 20 世纪 90 年代

2. 下列各组应用不是多媒体技术应用的是(   )。

    A 计算机辅助教学   B. 电子邮件   C. 远程医疗   D. 视频会议

3. 与普通报刊上广告的相比,电视或网页中的多媒体广告的最大优势是(   )。

    A. 多感官刺激   B. 超时空传递   C. 覆盖范围广   D. 实时性好

4. 以下列文件格式存储的图像,在图像缩放过程中不易失真的是(   )。

    A. BMP   B. GIF   C. JPG   D. SWF

5. 多媒体信息不包括(   )。

    A. 音频、视频   B. 动画、图像   C. 声卡、光盘   D. 文字、图像

6. 关于多媒体技术主要特征的描述,下列说法正确的是(   )。

    ① 多媒体技术要求各种信息媒体必须要数字化

    ② 多媒体技术要求对文本、声音、图像、视频等媒体进行集成

    ③ 多媒体技术涉及信息的多样化和信息载体的多样化

    ④ 交互性是多媒体技术的关键特征

    ⑤ 多媒体的信息结构形式是非线性的网状结构

    A. ①②③⑤   B. ①④⑤   C. ①②③   D. ①②③④⑤

7. 计算机存储信息的文件格式有多种,其中 DOC 格式的文件用于存储(   )信息。

    A. 文本   B. 图片   C. 声音   D. 视频

8. 图形、图像在表达信息上有其独特的视觉意义,下列说法正确的是(   )。

    A. 能承载丰富而大量的信息   B. 能跨越语言的障碍增进交流

    C. 表达信息生动、直观   D. 数据易于存储、处理

9. 1 分钟双声道、16 位采样位数、22.05 kHz 采样频率的 WAV 文件约为(   )。

    A. 5.05 MB   B. 10.58 MB   C. 10.35 MB   D. 10.09 MB

10. 在多媒体课件中,课件能够根据用户的答题情况给予正确和错误的回复,突出显示了多媒体技术的(   )。

    A. 多样性   B. 非线性   C. 集成性   D. 交互性

11. MIDI 音频文件是(   )。

    A. 一种波形文件

    B. 一种采用 PCM 压缩的波形文件

    C. 是 MP3 的一种格式

    D. 是一种符号化的音频信号,记录的是一种指令序列

12. 关于文件的压缩,下列说法正确的是(   )。

    A. 文本文件与图形图像都可以采用有损压缩

B. 文本文件与图形图像都不可以采用有损压缩

C. 文本文件可以采用有损压缩,图形图像不可以

D. 图形图像可以采用有损压缩,文本文件不可以

13. 下列为矢量图形文件格式的是(　　)。

　　A. WMF　　　　　　B. JPG　　　　　　C. GIF　　　　　　D. BMP

14. 一幅图像的分辨率为 256×512,计算机的屏幕分辨率是 1024×768,该图像按 100% 显示时,占据屏幕的(　　)。

　　A. 1/2　　　　　　B. 1/6　　　　　　C. 1/3　　　　　　D. 1/10

15. 下列文件格式中都是图像文件格式的是(　　)。

　　A. GIF、TIFF、BMP、PCX、TGA　　　　B. GIF、TIFF、BMP、PCX、WAV

　　C. GIF、TIFF、BMP、DOC、TGA　　　　D. GIF、TIFF、BMP、PCX、TXT

16. 下列采集的波形声音(　　)的质量最好。

　　A. 单声道、8 位量化、22.05 kHz 采样频率

　　B. 双声道、8 位量化、44.1 kHz 采样频率

　　C. 单声道、16 位量化、22.05 kHz 采样频率

　　D. 双声道、16 位量化、44.1 kHz 采样频率

17. 下列(　　)不是常见的声音文件格式。

　　A. MPEG 文件　　　B. WAV 文件　　　C. MIDI 文件　　　D. mp3 文件

18. 下列文件中,数据量最小的是(　　)。

　　A. 一个含 100 万字的 TXT 文本文件

　　B. 一个分辨率为 1 024×768、颜色量化位数 24 位的 BMP 位图文件

　　C. 一段 10 分钟的 MP3 音频文件

　　D. 一段 10 分钟的 MPEG 视频文件

19. 常见的 VCD 是一种数字视频光盘,其中包含的视频文件采用了(　　)视频压缩标准。

　　A. MPEG4　　　　　B. MPEG2　　　　　C. MPEG　　　　　D. WMV

20. 在动画制作中,一般帧速选择(　　)即可比较流畅的播放动画。

　　A. 5 帧/秒　　　　　B. 10 帧/秒　　　　　C. 15 帧/秒　　　　　D. 100 帧/秒

二、判断题

1. 计算机只能加工数字信息,因此,所有的多媒体信息都必须转换成数字信息,再由计算机处理。　　　　　　　　　　　　　　　　　　　　　　　　　　　　　　　　(　　)

2. 媒体信息数字化以后,体积减小了,信息量也减少了。　　　　　　　　　　　(　　)

3. 制作多媒体作品首先要写出脚本设计,然后画出规划图。　　　　　　　　　　(　　)

4. BMP 格式的图像转换为 JPG 格式,文件大小基本不变。　　　　　　　　　　(　　)

5. 能播放声音的软件都是声音加工软件。　　　　　　　　　　　　　　　　　　(　　)

6. 对图像文件采用有损压缩,可以将文件压缩的更小,减少存储空间。　　　　　(　　)

7. 若自己的多媒体作品中部分引用了别人作品的内容,不必考虑版权问题。　　　(　　)

8. JPEG 标准适合于静止图像,MPEG 标准适用于动态图像。　　　　　　　　　(　　)

9. 采用 JPEG 标准压缩的图像,其图像质量一般都会有损失。　　　　　　　　　(　　)

10. 矢量图形放大后不会降低图形品质。　　　　　　　　　　　　　　　　　　　(　　)

11. 在设计多媒体作品的界面时,要多用颜色,使界面更美观。 ( )

12. 位图图像的最大优点是容易进行移动、缩放、旋转和扭曲等变换。 ( )

13. 图形文件是以指令集合的形式来描述的,数据量较小。 ( )

14. 一幅位图图像在同一显示器上显示,显示器的显示分辨率设得越大,图像显示的范围越小。 ( )

15. 多媒体计算机系统就是有声卡的计算机系统。 ( )

三、简答题

1. 什么是多媒体技术?

2. 简述多媒体作品开发的一般过程。

3. 什么是多媒体作品的需求分析?

4. 什么是虚拟现实技术?